包装设计的视觉艺术

聂燕　著

中国纺织出版社

内容提要

本书围绕产品设计的包装形式及其视觉艺术进行专门的研究。正文内容从概述性的基础理论入手，分别研究了包装设计的流程，包装设计中的文字、色彩、图形、编排等平面视觉语言的手法，包装设计中的材料、结构、形式等空间视觉语言的方法，包装印刷工艺的流程，以及上述理论在各类包装中的应用实践。总之，本书对包装设计的探究做到了论述全面、客观，语言使用精准、平实，是一本极具参考和研究价值的著作。

图书在版编目（CIP）数据

包装设计的视觉艺术 / 聂燕著 . -- 北京 : 中国纺织出版社，2018.5

ISBN 978-7-5180-2166-6

Ⅰ . ①包… Ⅱ . ①聂… Ⅲ . ①包装设计－视觉艺术 Ⅳ . ① TB482

中国版本图书馆 CIP 数据核字（2015）第 274617 号

责任编辑：汤　浩　　　　责任印制：储志伟

中国纺织出版社出版发行

地址：北京市朝阳区百子湾东里 A407 号楼　邮政编码：100124

销售电话：010-67004422　传真：010-87155801

http://www.c-textilep.com

E-mail:faxing@e-textilep.com

中国纺织出版社天猫旗舰店

官方微博 http://www.weibo.com/2119887771

虎彩印艺股份有限公司印制　各地新华书店经销

2018 年 5 月第 1 版第 1 次印刷

开本：710×1000　1/16　印张：11.5

字数：150 千字　定价：58.00 元

前　言

在现代商品的营销过程中，产品包装发挥着十分重要的作用。包装设计使一个品牌或一件商品散发出独特的吸引力，给人以全新的视觉形象。现如今，包装已经成为商品不可或缺的一部分，直接宣传了商品形象和品牌形象，并直接刺激着消费者的购买欲望。

产品包装并不局限于商品的外包装，它的范畴是比较广泛的。凡是能够充当各类商品进入市场宣传载体的形式，都可以看做是产品包装。产品包装，就好像商品的说明书和企业形象的象征，传达出来的是商家的销售策略。

产品包装与我们的日常生活息息相关，人们几乎每天都能接触到各种不同的包装形式。随着社会经济的发展和人民生活水平的提高，包装设计越来越受到人们的瞩目，包装的地位以及在销售中所发挥的作用也日益显著。在这种背景下，包装企业的发展也十分迅猛，他们的分工越来越细，对包装的要求也越来越高。当前关于包装设计的论著数量不少，但是真正从视觉传达的角度全面论述包装设计这一领域的专著并不是很多。因此，本人撰写了《包装设计的视觉艺术》一书，希望通过本书的论述，使包装设计领域的理论更加完善，同时也为从事该领域的工作人员以及包装设计专业的学习人员提供一定的参考和指导。

《包装设计的视觉艺术》共有七个章节，全面论述了包装设计领域的各个方面，具体如下：第一章是概述性内容，论述了包装设计的定义、历史、分类、功能及包装设计师的素质要求等基础理论；第二章为包装设计的基本流程，这是进行该设计需要掌握的基本程序；第三章从文字、色彩、图形、编排等方面论述了包装设计的平面视觉语言；第四章从包装材料、包装结构和包装容器设计的形式美法则等方面论述了空间视觉语言；第五章将包装视觉艺术与印刷工艺联系起来，阐述了包装印刷的种类和工艺流程；第六章从包装创意与实践的角度论述了不同类型包装的设计与应用；第七章面向现实，针对包装设计的相关问题提出了包装设计发展的方向和趋势。

本书在撰写过程中得到了许多专家同仁的指导和帮助，书中参考了一些包装设计领域的研究成果，在此一并表示感谢，引用部分未能一一注明出处的，敬请谅解。

由于本人水平有限，加之时间仓促，书中一定存在许多不尽如人意之处，真诚希望广大读者批评指正，以便日后进行修改，以飨读者。

作者

2017 年 9 月

目录

第一章　概论

包装是作为一门综合性的边缘学科而存在的，融自然科学、社会科学和人文科学为一体。商品的包装设计是把艺术和科学、物质和精神、理想和现实的有关因素相互结合，相互渗透，相互融合贯通，相互交织错落而成的，是一种具有高度综合性的创造性活动。

第一节　何为包装

一、包装的释义与界定

“包装”一词可以理解为包裹、包扎、安装、填放及装饰、装潢。如果拆成两个字，那么“包”字在创字之始的象形文字中寓意为胎儿置于母腹之中，形象地描绘出了包装的含义。而“装”则解释为安置安放、装载装卸的意思，同时也包含布置点缀、装修装饰等含义。这便是包装设计的根本与源头。

所谓包装，有广义与狭义之分。

广义的“包装”可指一切事物的外部形式。盛装商品的容器、材料及辅助物可以算是包装物，关于实施盛装和封缄、包扎等技术活动的行为也可被解释为包装。包装发展到现代时期，更加强调结构、视觉以及绿色环保等。甚至大众会经常在现代媒体中听见、看见“包装”一词被用在演艺人员、公众人物身上，当然，这里的“包装”是现代“大包装”概念的延伸，是指形象推广策划，可以看出包装已经渗入我们的日常生活中并发挥着重要的作用。

狭义的"包装"即指在流通过程中，为保护产品、方便储运、促进销售，依据不同情况而采用的容器、材料、辅助物及所进行的操作的总称。也指为达到上述目的在采用容器、材料和辅助物的过程中施加一定技术方法的操作活动。[①]

二、包装的设计品质保证

包装的设计品质是以保证设计结果符合人类社会的需要为衡量标准，是对设计的整个运作过程进行分析、处理、判断、决策和修正的管理行为。设计品质的控制应贯穿于设计质量形成的全过程，设计质量控制的对象是设计过程。

包装的设计质量主要体现在以下两个方面：

（1）成品质量——核心；

（2）创意设计过程中的工作质量——设计质量的保障。

通过提高这两方面的质量最终达到提高设计质量的综合目的。

第二节　包装的历史沿革

一、原始时期的包装

（一）旧石器时代的包装

旧石器时代（距今约 250 万年至距今约 1 万年），生产力极端低下，原始人类为了适应生存和繁衍的需要，从事直接向自然界索取的采集、狩猎、捕鱼等活动，当时的主要劳动工具是人类的双手和简单的打制石器（见图 1-1），人们还通过捡拾

① 郭湘黔，王玥．包装设计 [M]. 北京：人民邮电出版社，2013.

自然的物品（如宽大的树叶、竹筒、贝壳等材料），施以简单的加工手段（打制、捆扎方式）来实现对食物、饮用水的盛装和包裹，以便实现物品的保存、分发、运送。这些采用简单的材料、容器、技术来实现对物品的盛装、捆扎、包裹，虽然不属于现代意义上的包装，但是作为包装的萌芽阶段，具有重要的历史意义，如图 1-2 的盛水竹筒。

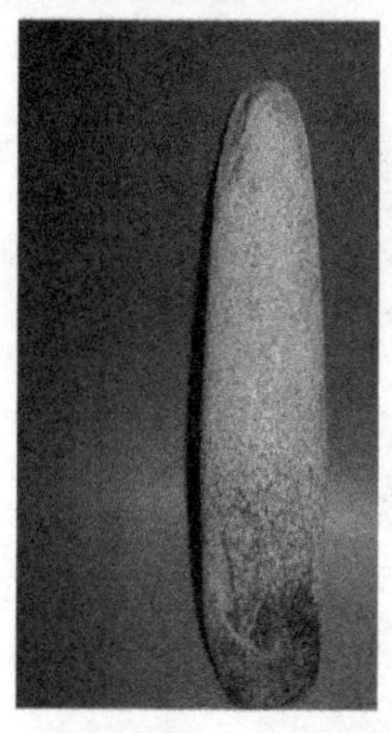

图 1-1　旧石器时代工具

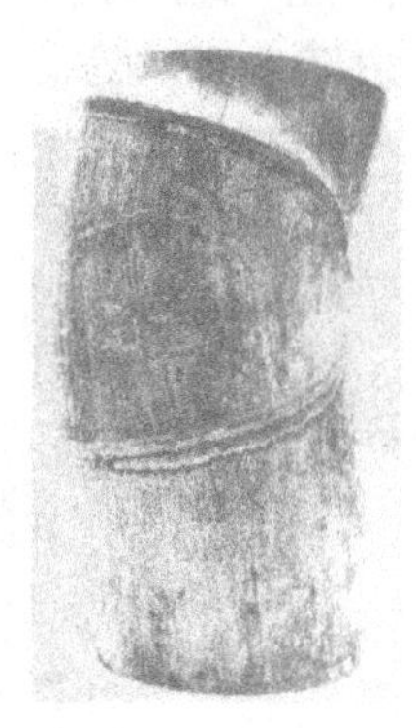

图 1-2　旧石器时代盛水竹筒

（二）新石器时代的包装

到了新石器时代(距今约 1 万年前),人类除了继续从事捡拾、狩猎、打鱼等活动以外，还出现了原始农业和畜牧业，人类改造自然、支配自然的能力明显增强，如图 1-3 的工具。

图 1-3　新石器时代的工具——钺

随着后期剩余物品的不断出现，加大了原始人类对水、食物、种子、原始工具等进行长时间存储、运送、保护的需求，这使得原始包装得到进一步发展，最有代表性的是陶器、骨器的出现，其中陶器是原始社会最为完美的容器。[1] 例如，距今7000年左右的我国仰韶文化中的陶器（见图1-4），不仅形体优美，其装饰上也绘制了精美彩色花纹，反映当时人们生活的部分内容及艺术创作的聪明才智，虽然是原始的状态，但代表了当时最高的包装（容器）水平。

图1-4 仰韶文化时期的彩陶

二、古代时期的包装

（一）中国古代时期的包装

1.奴隶社会时期的包装

原始社会末期，生产力的发展，使得社会出现分工。人们开始用自己剩余的物品来交换获取需要的物品。随着农业和畜牧业逐渐分离，交换活动更加频繁，原始商业活动开始出现，例如，用剩余的粮食去换取家禽、布匹、工具等。各种产品在当地盛装的状况已经不能满足人们的需求，由于更远距离、更

① 据考古发现，我国烧制陶器的历史约有1万年之久，原始社会制造陶器，开始是用手工捏制的方法制成一定的器形，后来发展为将陶土搓成粗细一样的泥条，把泥条盘筑成一定的器形，再将其内外用手抹平。

大范围物品交换和运输的需要，人们开始用手工加工（而非拾取）藤条、竹子、荆条，并将其编织成篮、筐、篓（见图 1-5）等，用于包装物品运送到远方的集市。这些活动的出现，使得包装材料、包装手段得到进一步发展。

图 1-5 竹篓

我国在奴隶社会时期出现了货币，商业活动飞速发展，农业生产已经非常发达，能够用多种谷物酿酒，在畜牧业上掌握了马、牛、羊、猪、狗、鸡的养殖技术，并且开始了人工养淡水鱼。手工业全部由官府管理，分工细，规模巨大，产量大，种类多，工艺水平高，尤其是青铜器的铸造技术发展到高峰，如图 1-6 的青铜酒器，而且已经出现了原始的陶瓷，洁白细腻的白陶颇具水平，造型优美，刻工精细。丝织物有平纹的纨，绞纱组织的纱罗，千纹绉纱的縠，已经掌握了提花技术。

图 1-6 青铜酒器

到商代后期，都邑里出现了专门从事各种交易的商贩，从事商品交易买卖活动，他们出于控制和满足市场的需要而囤积商品，使得商品的包装得到了很大的发展，陶器也已经成为普遍的包装容器。

2. 封建社会时期的包装

（1）战国初期至秦汉包装的发展

战国初期，我国进入封建社会，生产力得到进一步发展。秦汉时期，社会百业、百艺的兴盛，使得包装得到了长足的发展。漆器工艺的兴起和运用，使得包装的种类和材料有了新的突破。由于漆器具有胎薄、坚固、体轻、耐潮、耐高温、耐腐蚀等特点，又可以配制出不同色漆，光彩照人，所以漆器由最先是礼器和贡品，发展到后期以生活用器所占比例最大，体现出极大的实用性，如食器、酒器、盥洗器、承托器、梳妆用器、娱乐用器、文房用器等，种类繁多，应有尽有。

1972 年长沙马王堆出土了大量的漆器，在出土的彩绘双层九子奁（女子梳妆用的镜匣，泛指精巧的小匣子）中，可以清晰地看出漆器的包装样式。匣子的边缘用贵金属沿边镶嵌，不仅加强了包装的结构强度，还使器物具有优美华丽的装饰效果，如图 1-7 所示。

图 1-7　汉彩绘双层九子漆奁内盒

这时候，用草、竹、苇等植物纤维编织的大宗物品的包装已经十分普遍，编织花样也十分复杂。例如，用荆条、竹子编织的箩筐盛装粮食，用苇草搓制的绳子捆扎羊皮、陶器、瓷器等。

公元105年，东汉蔡伦用树皮、麻头、破布、渔网等造出便于书写的纸，又称“蔡侯纸”。造纸术的改进，在促进了包装材料发展的同时，也被广泛地应用到食品、茶叶、草药等日常物品的包装上。

（2）唐宋元明时期包装的发展

唐宋元明时期（公元618—公元1644），城市规模不断增大，商品市场空前繁荣，手工业作坊更加细化，陆地、海运贸易异常活跃，贸易往来十分频繁，使得包装材料、技术不断发展，呈现出独有的时代印记。

隋代之后，佛教盛行，佛教活动在唐朝达到鼎盛的时期，产生了大量与之相关的经文、法器、画像、石刻、铜像等，这些物品也形成了独特的宗教包装类别。这类包装不仅用材考究，注重包装的基本保护功能（防潮、防震、防虫、防腐等），而且随着始于隋朝的雕版印刷技术的发展，以图案作为包装物的表面装饰开始应用。其装饰纹理严肃、神秘，带有宗教特有的风格。例如，在题材方面，佛教故事占据着重要位置，与教义有关的如天龙、金翅鸟、狮、莲花等具有象征意义的内容随处可见。

此外，与教义没有直接关联的、作为纯粹装饰存在的各种植物、动物、人物和风景等，尤其是各种花卉纹样装饰，异彩纷呈，盛况空前。这些包装的图案、色彩诠释的是人类对神的敬仰和祈求保佑的思想，这和现代包装设计要求的装饰美感与心理的引导作用基本是一致的。皮囊类包装是我国少数民族特有的包装形式，它采用动物的皮、内脏为主要材料，以其优越的耐磨、耐冲击、方便携带、材料来源丰富等特点，深受马背民族的喜爱，并一直延续到现在，如图1-8所示。

这一时期由于经济昌盛、物质丰富，金银器具大量出现。采用鎏金、焊接、錾花等工艺技术制作而成的形态精致、装饰精美的金银包装器物不断涌现，包装装潢上采用传统龙凤题材与宝相花、缠枝花卉及鸟兽巧物华妙穿插结合。这一时期印刷术达到了新的高峰，并且和版式设计结合在一起，许多地方形成了大规模的刻印中心，印刷术也广泛地应用到包装设计中，如在货物包装纸的表面印刷上商品名称、商店名称，体现吉祥、祈福的传统图样。现存保存最为完整的这一时期包装类印刷品是北宋时期山东济南“刘家功夫针铺”包装纸。包装纸中间是一个吉祥兔子的标志，上面是商店的名称，两侧为商店独有的标记说明，下方为商品的特色。总体版式设计完整，图样明显，文字简洁易记，不仅说明了商品的自身信息，更加体现了明确的商品促销功能，如图 1-9 所示。包装技术在延续以前的包装方法的同时，也得到了广泛进步。[①] 通过上面的叙述，我们可以看出，这时的瓷器包装技术已经采用了垫衬、捆扎、套环等多项减缓磕碰的技术，体现了较高的科学性。

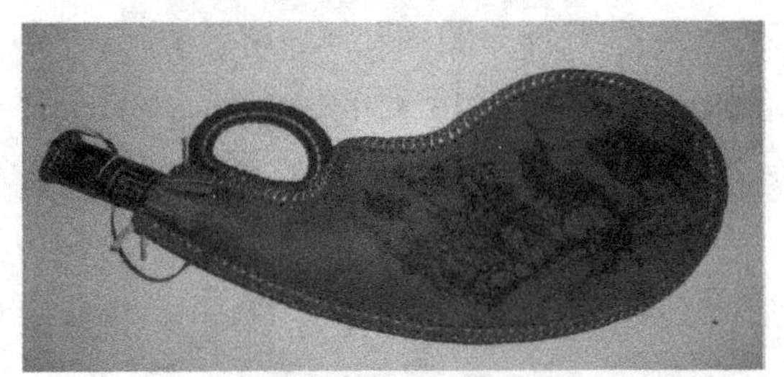

图 1-8　皮囊壶

图 1-9　“刘家功夫针铺”包装纸

① 例如，明朝时对瓷器的包装结构安全性上就有很完善和成熟的方法：“在包装瓷器时，每一瓷器之间撒上泥土以及豆麦，用搓制的麻藤捆扎在一起，然后用水淋湿，放置在潮湿的地方，等待时日，豆麦就会发出长芽，把捆扎的瓷器牢牢地固定在一起，再把其放置高处投向地面，没有损坏时就可以长距离运输了。”

（3）明代至 20 世纪初包装的发展

明末至 20 世纪初，随着闭关锁国、社会动荡局势不断出现，与国外相比，我国的产业部门开始落后，尤其是“工业革命”以后，我国包装产业的进步十分缓慢。

（二）世界范围其他国家的包装

世界范围内，文化起源较早的古埃及、古罗马、古希腊等国家、地区，也是包装起源发展较早的，这些国家、地区和我国早期人类发展一样，也是延续着从打制石器到磨制石器再到陶器的过程，其中最具有代表性的是玻璃包装材料的运用。约公元前 3700 年前，古埃及人首先发明了玻璃，他们用它来制作首饰，并揉捏成特别小的玻璃瓶。到了公元前 1000 年，古埃及人就掌握了玻璃的吹制工艺，能吹制出多种形状的玻璃产品。在出土的埃及第五王朝时期的大量酒杯、花瓶玻璃文物中可以看出当时玻璃器皿在贵族生活中的应用，大约在 4 世纪，罗马人开始把玻璃应用在门窗上。

到 13 世纪末，意大利进入了著名的“威尼斯玻璃”的鼎盛时期。到 17 世纪下半叶，意大利玻璃制造商发明了“人工水晶”，又称为水晶玻璃。人工水晶由于具有透明度高、折光性能好、厚重、耐切割，便于精雕细刻等优点，被广泛运用到食品、饮水、化妆品包装等人们日常生活中，成为玻璃发展史上的重要里程碑，也大大促进了包装材料的发展。

总体看来，这一时期包装发展年代久远，使用普遍，生产方式虽然是以手工制作为主，但在包装材料上已使用植物纤维、纸张、陶瓷、皮革、玻璃、漆器等；包装技术上已采用了透气、透明、防潮、防腐的处理；包装装饰艺术上也掌握了对称、比例、协调、均衡等形式美的艺术规律，使得包装不仅具备简单保护功能，更体现了古代审美的人文价值。这些包装的运用，有的一直延续到现在，在发展商品经济和方便人们生活的过程中，发挥着重要的历史作用。

三、近代时期的包装

两次“工业革命”[①]是包装的近代时期，这一时期包装产业发生了巨大的变化。随着机器化大生产在各个行业的不断扩展，包装机械产业化开始形成，包装技术发展日新月异，包装材料由人造材料不断取代自然材料，包装的规范化标准开始诞生，包装艺术设计风格化不断展现等，这些巨大的进步为现代包装的产业发展提供了重要保障。

（一）包装机械技术的发明和发展

1. 第一次工业革命带来的包装机械技术的发展

工业革命引起生产组织形式的变化，使用机器为主的工厂取代了手工工场，从手工业作坊过渡到以蒸汽机为代表的第一次“工业革命”后，近代包装的进步与机械化（包装印刷、储存、密封机械等）的发展有着密切关系。

我国宋朝时期，毕昇发明了胶泥活字印刷术，实现了手工排版印刷，大大提高了印刷的数量和质量。

1450 年前后，德国人约翰内斯・古登堡受到中国印刷技术的启发，将当时欧洲已有的多项技术整合在一起，发明了铅字活字印刷，很快在欧洲传播开来，推动了印刷工业化的发展。

1846 年，美国人理查德・霍发明高效滚筒印刷机，这种印刷机每小时能印刷 8000 张纸，大大促进了出版印刷事业的发展，使得图案、标签在包装上的应用广泛推广开来。

2. 第二次工业革命带来的包装机械技术的发展

第二次工业革命到来的 1855 年，印度人开始使用麻袋制造机，使大宗物品的包装成本大大降低；1886 年，美国人泰勒发明莱诺铸排机，提高了排版效率，也减轻了操作者的劳动强度，

① 18 世纪 60 年代至 19 世纪中期人类开始进入蒸汽时代，19 世纪下半叶至 20 世纪初，人类开始进入电气时代。

这种机械最大的特点是可将铸字、检字、排版等多道工序一次整体完成，大大提高了排版印刷的效率。

1892 年，美国人威廉·佩恩特改进了玻璃瓶塞的技术，发明了“皇冠型瓶盖”，使玻璃瓶塞的密封变得简单、有效、密封性强。

1900 年的巴黎世界博览会上，第一台凹版印刷机的展出，使得印刷制品具有了鲜明的特点：墨层厚实、层次丰富、立体感强、印刷质量好，为以后广泛地应用到精致的包装彩色图片、商标、装潢品等奠定了坚实的基础。

（二）包装材料的发展和进步

工业革命以后，虽然传统的包装材料一直延续着重要的作用，但包装材料伴随着材料的加工手段、成型技术的发展呈现出鲜明的工业化特点。

1810 年，英国人发明了采用镀锡薄钢板包装食品罐头发明专利；1819 年，美国诞生了世界上第一家马口铁（又称镀锡薄钢板）制罐企业，1861~1865 年美国“南北战争”期间，由于战争的需要，铁质罐头食品包装被广泛应用，战争结束后，由于其封闭性、保鲜性好，被普通消费者认可，成为铁质包装食品材料发展的重要里程碑，如图 1-10 所示。

图 1-10 早期铁质啤酒包装

1841 年，美国著名的画家兰德，为了方便携带和使用色彩颜料，发明了一种以铅薄板代替早期用动物膀胱作为颜料盒的包装软管，到了 1850 年前后，欧洲很多国家已经开始使用金属（锡、铅、铝等）软管，为一些日常用品提供合适的包装，这引起一些商品包装形态的改革。1893 年前后，维也纳人塞格发明了现代意义上的牙膏，接着世界上第一家牙膏公司“高露洁”将牙膏首次装入金属软管中销售，很快得到了消费者的喜爱，后来由于铅金属毒性较大，不久后就被铝制软管所代替。1871 年，美国人琼斯发明了瓦楞纸（见图 1-11），由于瓦楞纸有质量较轻、结构性能好、成本较低、抗压性较好、便于折叠等特点，很快替代了木箱包装的地位，大大促进了运输包装的发展。

图 1-11　瓦楞纸

1868 年，美国人约翰·海尔为了替代制作台球的象牙材料，发明了赛璐珞（假象牙的别称），也就是现在的塑料原型，这在包装材料史上具有重要意义，由于当时制作成本较高、容易燃烧，塑料包装的应用还十分有限。

（三）包装艺术风格的魅力展现

工业革命以后，随着人类科技的进步，商品流通的便捷和频繁，包装的产业化开始日渐形成，这些变化使得商品在销售竞争方面日益激烈，商品包装开始展现出优秀的促销功能，包装艺术得到了发展，呈现出不同的设计风格。

整个 19 世纪，欧洲大陆的设计艺术基本在“维多利亚风格”

的统治之下，其讲究精致复杂的装饰、材料的绝对华丽、用色的对比强烈以及写实自然主义风格，对于自然和装饰的唯美体现得到了最大化的发挥，这些特点对这一时期的包装艺术产生了巨大的影响，如图 1-12 所示。

图 1-12 维多利亚包装盒

19 世纪末 20 世纪初，新艺术运动开始并迅速达到高峰。“新艺术”运动抛弃了烦琐矫饰的“维多利亚风格”，力求在自然植物和东方艺术上汲取营养，主张有机的曲线风格，并以其对流畅、婀娜线条的运用、平面图案与人物有机地穿插以及充满美感的女性形象而著称。这种风格直接影响了建筑、家具、服装、机械产品、平面设计以及字体设计，更推动了包装设计风格、形式的转型与创新，出现了许多优秀的包装设计（如图 1-13 骆驼香烟包装），并促进了现代包装设计中重要的视觉因素——商标的诞生。

图 1-13 骆驼香烟包装

英国立顿茶叶的包装是公认的现代包装先驱，在 18 世纪中期，立顿茶叶上就有了“立顿”的商标，并且有了“从茶园直接到茶瓶”的广告语，这种商品包装艺术的展现，使得立顿茶叶深入消费者的内心，树立了企业的品牌形象，大大促进了茶叶的销售，如图 1-14 所示。

图 1-14　立顿茶叶早期宣传页

英国布洛克邦德是与立顿相媲美的茶生产企业，其商标也广泛地运用在红茶包装上。著名的美国饮料公司——可口可乐公司在 1885 年诞生了弗兰克梅森·罗宾逊设计的包装商标，后经改进成为现在世界上最为著名的商标之一，如图 1-15 所示。

图 1-15　可口可乐商标

四、现代时期的包装

20 世纪，包装行业随着社会工业化的不断深入、信息化的开始出现，已经成为社会经济中重要的工业体系，尤其是 20 世纪 30 年代以后，西方资本主义国家有了专业的包装设计人员，包装设计成为国民经济中重要的产业之一。这一时期的包装产业与传统包装相比发生了根本性的变化，尤其是电子信息时代的到来，使包装设计呈现出绚丽多彩的面貌。

（一）包装机械技术的发展

包装机械技术不断革新和发展，1861 年德国建立了世界上第一个包装机械厂，并于 1911 年生产了全自动成型充填封口机。1902 年美国生产了重力式灌装机，大大提高了包装的效率。20 世纪 40 年代以来，新材料逐渐代替传统的包装材料，特别是采用塑料包装材料后，包装机械发生重大变革。超级市场的兴起，对商品的包装提出了更新的要求。为保证商品输送快捷安全，集装箱应运而生，集装箱体尺寸也逐渐实现了标准化和系列化，从而促使包装机械进一步完善和发展。

到 20 世纪 80 年代后期，随着微电子技术的发展，计算机技术的快速应用，信息时代开始到来，包装机械电子化、自动化不断形成，主要有容积式充填机、封口机、裹包机、全自动枕式包装机等。

20 世纪 90 年代，包装机械信息化步入成熟期，包装机械智能化开始展现：英国首先使用无菌机器人生产系统，用计算机控制机器人在无菌的生产环境中进行药物的生产和包装，开启了信息时代的包装新时代。德国应用电子计算机和光学摄影机等组成的检验装置对制品进行检查，由图像传感器传入计算机系统，拍摄的图像与存储在高速大容量计算机存储器中的标准多维图像进行对比识别，再控制机器人执行自动分选，剔出不合格产品，合格品则装入托盘中完成包装。法国研制成了由计算机控制机器人操作的瓦楞纸箱成型、商品装箱和封箱以及托盘运输包装的自动包装作业系统等。随着时代的发展，包装机械应用现代先进技术、尖端科技，正大踏步向智能化方向发展。

（二）包装材料的变革和发展

塑料早在19世纪中期就已经出现，到了1907年，美国人贝克兰合成了酚醛塑料，同年申请了专利，从那一天起，世界上第一种人工合成的塑料诞生了。毫无疑问，它是人类所制造的第一种全合成材料，它的诞生标志着人类社会正式进入了塑料时代。

1920年，苯胺甲醛塑料诞生，1938年聚酰胺塑料（又称尼龙）以及以后聚乙烯、聚丙烯、氟塑料、环氧树脂、聚碳酸酯、聚酰亚胺等可塑材料的诞生，开启了包装材料的历史性变化。塑料制品色彩鲜艳，重量轻，不怕摔，经济耐用，这些特点使塑料一跃成为现今仅次于纸的世界第二大包装材料，它的问世不仅给人们的生活带来了诸多方便，也极大地推动了包装工业的发展。塑料包装的产品如图1-16所示。

图1-16　塑料包装桶

1911年瑞士糖果公司开始用铝箔包装巧克力，1938年可热封式铝箔纸问世，主要用于高档商品、救生用品和口香糖包装。20世纪40年代，涂蜡防潮玻璃纸开始应用到食品、机械零件的包装上；50年代，瑞典一家牛奶公司使用塑料合成纸来包装牛奶；60年代，铝制易拉罐诞生（见图1-17）；70年代，食品无菌包装技术、脱氧包装技术问世；80年代，彩印技术广泛应用……这些包装材料与技术的进步，使包装容器出现多样化，进一步方便了消费者。

图 1-17 铝制易拉罐包装的啤酒

（三）包装艺术风格的发展

20 世纪 20 年代，现代主义设计思潮开始盛行，它主张功能第一、形式服从功能、技术和艺术应该和谐统一，抛弃前人对设计就是艺术的认知，提倡简单、直接、少装饰的设计表现，注重设计应该与企业紧密结合，转变数千年来设计只是服务少数权贵阶层对象，提出设计面向广大普通消费者的设计思想。在这一设计思想的指导下，20 世纪 30 年代后，包装设计师开始考虑功能性要求，强调包装信息的视觉传达，这就使得现代标识、色彩、图案、文字等平面设计元素不断强化在商品的包装上，形成这一时期独有的包装风格。

“KIWI”是世界上著名的鞋油品牌，从1906年开始，“KIWI”包装就一直沿用红白相间的色彩和几维鸟图案作为其区别于其他品牌的设计标志，现在其产品在世界上 140 多个国家销售，产品有几十个系列，但其独特的视觉包装都是一致的，除了产品本身优秀以外，没有过多的装饰且采用简单、细致、独特的视觉包装形象，使之畅销 100 多年，给消费者留下深刻的印象，如图 1-18 所示。

此外，这一时期经典包装形象层出不穷，包括壳牌（Shell）、可口可乐（Coca Cola）、汰渍（Tide）、奥妙（OMO）、兹宝（Zippo）、百事可乐（Pepsi）等包装形象都是在“现代主义风格设计思潮”影响下的产物，如图 1-19 所示。

图 1-18　KIWI 鞋油包装

图 1-19　壳牌包装设计

第二次世界大战后，随着世界政局稳定、社会经济复苏，物资不断丰富，尤其是自助式市场“超市”的流行，人们对商品的选择余地不断加大。市场中简单、直接、单调的现代主义商品包装不再吸引人们，而体现地方性、人性化、个性化、幽默化的商品包装开始出现，并迅速得到人们的喜爱。具有悠久历史和深厚文化底蕴的欧洲国家开始纷纷提出“文艺复兴”、“装饰复兴”的设计思路，东方国家尤其是日本，开始在东方文化影响下的传统符号、图案、色彩中挖掘装饰元素，运用到商品包装中，极好地传播了自身的民族文化、体现了地域特色，拉近了商品与消费者的文化距离，受到消费者的欢迎，如图 1-20 所示。

图 1-20　采用书法图案包装的日本清酒

第三节　包装的分类与功能

一、包装的分类

（一）包装分类的概述及意义

产品包罗万象，如食品、药品、服装、针纺织品、家用电器、洗化用品等不胜枚举，因此产品的包装也必然呈现多元化的特征，随着社会的不断发展，各种新工艺、新材料不断涌现，新观念不断更新，促使产品包装的分类复杂多样。对包装进行分类，有利于职能部门采用计算机进行现代化管理，有利于制定相关的行业标准和法规，有利于部门间的分工与合作，便于不同包装行业间的协作与配合，有利于调节各部门的同步发展，有利于包装的教育、研究、展览、学术交流。

（二）包装的分类方法

1. 以包装的产品分类

从包装的产品可分为食品包装、药品包装、服装包装、针纺织品包装、家用电器包装、洗化用品包装、文化用品包装、五金用品包装等。

2. 以包装的材料分类

从包装材料可分为纸质包装、塑料包装、金属包装、陶瓷包装、玻璃包装、木制包装、纤维制品包装和天然材料包装。

3. 以包装工艺技术分类

从包装工艺技术可分为一般包装、缓冲包装、真空吸塑包装、防水包装、喷雾包装、压缩包装、充气包装、透气包装、阻气包装、保鲜包装、冷冻包装、儿童安全包装等。

4. 以包装的功能分类

从包装的功能可分为外包装和内包装两大类。

（1）外包装

外包装又称运输包装、工业包装，属于从产品生产到销售前的过程包装（大型商品的外包装也作为销售包装使用，如冰箱、彩电等）。外包装以保证产品的存储、运输安全为第一目的，具有良好的抗冲击力，良好的防潮、防水性能。

（2）内包装

内包装包括中包装和个包装，中包装是产品的第二层包装，以收纳个包装和展示产品形象为目的，如图 1-21 所示。个包装是与产品直接接触的基本包装，它与消费者直接对话，因此又被称为销售包装。销售包装除了具有外包装和中包装的保护产品展示产品的功能，还承担了大量的信息传递的作用，把产品的实用性功能、使用的便利性、艺术性、生产者的相关信息传递给消费者。

图 1-21　内包装

二、包装的功能

（一）保护功能

包装的首要功能是保护商品。保护功能指保护商品在流通过程中避免受到外界的各种损害和破坏，使商品完好安全地到达消费者手中。根据不同商品的特性，要注重不同的保护功能，大致可分为以下几种。

1. 防震、防挤、防撞功能

商品在运输过程中不可避免地会受到震荡和挤压的影响，此外，在多次搬运和装卸的过程中也会受到撞击，这就要求包装的结构自身具有良好的稳定性能。

2. 防水、防潮功能

商品在运输过程中能够抵御雨水的侵袭和空气湿度的变化。特别是在我国气候差异很大的南北两方，空气湿度变化很大，尤其是那些保质期短的商品更应该加强防水、防潮的保护能力。

3. 防环境污染和防虫害功能

受污染的环境所产生的微生物作用或虫害侵蚀，商品接触污水污物等极容易产生质变，如食品、药品等。

4. 防止光照和辐射的功能

许多商品都不能受到紫外线、红外线或其他光照的直射，否则会导致商品品质产生变化，如药品、化妆品、食品、化工用品等。

（二）便利功能

包装的便利功能体现在以下几个方面。

1. 便利生产

生产过程的便利性体现在包装的生产和加工过程是否适合机器大规模生产，包装要适应企业生产机械化、专业化、自动化的需要，这些生产过程中的便利性最终会直接降低生产成本，提高劳动生产率，使企业获得最多的经济效益。

2. 便利仓储

仓储和运输过程中的便利性有利于高效率的商品流通。这就要求包装的体积及结构外形能够方便机械设备的运输和仓储。同时，还要考虑商品堆码方式、货架陈列效果，以及消费过程中的保管因素等。

3. 便利消费

消费者的便利性体现在消费者使用是否方便。合理的包装会给消费者在开启、使用、保管、收藏时带来诸多方便。在包装设计里，设计要充分以人为本，深入研究消费者的使用方式，以争取消费信任度来提高企业的经济效益。

（三）促销功能

包装具有促销售的重要作用，在市场上，首先进入消费者视野的往往不是商品本身而是其包装。能否引起顾客的兴趣，触发购买动机，在一定程度上取决于商品的包装。虽然商品的内在质量是市场竞争的基础，但优质的产品若没有有效的包装配合，在市场上的竞争能力就会被削弱。特别是在超级市场上，顾客大都是从陈列架上自选商品，这种情况下，顾客的选择依据主要是包装所提供的信息，所以说包装是“无声的推销员”，成为商品与消费者的媒介。因此，包装应向顾客传达正确的商品信息，这不仅靠商品名称和说明，还要精心设计色彩、字体和形态等，把商品的特性形象地传达给消费者，在不欺骗顾客的前提下，力求最好的促销效果。

第四节　包装设计师的素质要求

一、了解市场及对象需求的能力

一方面，包装本身是有着商业特性的，所以对市场有一个清晰的概念是包装设计师必备的条件之一。另一方面，所有商业活动都是因人产生的，所以了解对象的需求也自然成为包装设计师所要深入研究的问题。对包装设计师而言，首先要了解企业委托设计的原因以及企业所能提供的设计资源，如商品的特色以及包装预算等。同时，包装最主要的功用就是要实现销售的目的，为此了解消费大众的喜好与需求也就成为设计者制定包装策略的关键。了解企业与消费者双方的需求，对包装设计师来说是绝对必要的。

二、具备与时代特征相符合的审美水准

现代社会，人们希望在消费中得到美的满足和享受。所以包装设计作为一种实用美术，应符合大众美学规律和审美情趣。大众审美文化具有普遍性、时代性和民族性。对于设计人员来说，就需要掌握美学原理、美学规律和美的造型能力，这样才能通

过包装设计与消费者之间形成沟通，产生共鸣。

人们对于审美价值、情感价值等附加值的追求的需求，仍将随着时代进步而不断变化，因此现代消费者的审美水准更加有可变性和时代特征，时尚文化和流行文化的快速变化就是这方面很有代表性的一个例证。①

三、能够整合、灵活运用各种资源

一位设计者除了要站在客观、理性的角度来看包装外，在进行商业设计的过程中，首先要深入了解设计工程，然后收集资料并加以研究分析，最后再进行总结，灵活运用各种表现技法与科技资源来设计包装。尝试不同的表现技法或灵活地运用现代科技手段将有助于包装创意的表现，但要做到灵活运用，包装设计师就必须增广见闻，吸收多方面知识。

对包装设计来说，不管是先前的思考、分析或是其后的表现技法，都是非常重要的，这也是成为优秀包装设计师的必备条件。

四、掌握一定的计算机知识

计算机包装设计系统的开发将设计环节与生产环节有机地融合在一起，使整个包装运作的流程更加流畅。随着网络时代的到来，网络经济对包装设计也产生了深远的影响，它消除了地域界限，同时也改变了人们工作、生活、消费的方式。只有快捷、及时地吸收掌握先进的科技知识和设计手段，设计者才能迅速适应国际包装行业的发展。②

---

① 商品的包装设计，从构成与造型上来说，都离不开对称与均衡、对比与调和、比例与尺度、节奏与韵律、模拟与概括、变化与统一等美学法则；从视觉心理来说，离不开适用感、特色感、品质感、名贵感、实惠感、新奇感、柔美感、食欲感等各种心理特征的视觉表现。这一切都表明，包装设计师如果不具备符合时代特征的审美水准和审美功底，就难以在设计中体现出包装的时代美学功能和审美价值。

② 张大鲁，孟娟．包装设计[M]．北京：中国纺织出版社，2013.

五、有良好的悟性

包装设计师要想具备良好的悟性，首先要注意经验的积累，其次要训练创造性的思维。

设计者要善于发挥自身的想象力，善于感悟新事物，并且勇于打破常规，进行“异想天开”的大胆设想，这种做法能刺激灵感的产生。人们天生的感悟能力是没有本质区别的，关键是要具备灵活的思维方法。作为包装设计人员，只有通过多看、多做、多积累、多了解其他学科的知识，加强自身的综合素质，同时不断训练自身的创造性思维，培养多角度观察事物的能力和对新事物的探求习惯，才能具备灵活的思维方法和良好的感悟能力。

六、有设计师的社会责任感

包装设计师不仅仅是一种行业的代名词，也是一种社会的力量，可以看出包装设计师不仅能在不同的时代和历史阶段中推动包装行业的发展，而且也能影响和决策包装业的未来。所以包装设计师应该具有强烈的社会责任感，具体表现在以下两个方面。

（一）环境保护

由于大多数包装设计中使用的包装材料寿命短，使用量大，废弃后难以降解，固体废弃物量大并难以集中，对城市环境和人体造成严重的伤害，为了确保自然界维持其正常运作免受人为的破坏，包装设计师应倡导“绿色设计”，采用环保材料，避免叠床架屋等烦琐重复的包装设计，实行简单别致的造型，尽量做到循环使用包装，使包装的使用率增大，产品的包装实现长寿合理化，以减轻包装的废弃物对环境的污染。

另外，包装设计师在种种包装设计的同时应该注意包转废弃物的循环再生问题。要考虑包装设计中的材料应选择适合现有的回收再生系统，或将来可能建立的回收再生系统的材料，可提高回收率和降低回收费用。尽量采用目前回收技术已经成熟的材料。

（二）商业道德

1. 防止过度包装

过度包装是一种功能与价值过剩的商品包装，其表现是耗用过度的材料，采用豪华的装饰等来装点被包装的产品，超出了保护商品、美化商品的功能要求，让消费者产生一种名不副实的感觉，不仅消耗了大量的财富，造成极大的资源浪费、环境污染，而且还严重地损害了消费者的利益，败坏了社会风气。因此设计师要有良好的商业道德，避免过度包装问题的发生，推行适度包装设计，合理化设计包装。

2. 推动和促进公平交易

为了在激烈的竞争中获取利润，一些商业欺诈现象泛滥成灾，不但未能受到遏制，反而因技术的现代化而愈趋隐蔽。以低质低价的产品混充优质产品在一些业主看来似乎永远是一条致富的捷径。但无疑这同时也是一条损人利己，从而最终损害社会利益的“捷径”，故而社会逐渐加大了对这种行为的谴责和打击力度。我们生活于其中的商业社会里的生产与消费的诚信关系已经松懈，大量伪劣商品凭借相对低廉的价格，竟以对优质商品包装的拙劣模仿而招摇过市、畅行于流通渠道之中——这虽然满足了一部分消费者的低档次的消费欲望，但从长远的意义上讲却削弱乃至毁坏了经济繁荣的真实前景，阻碍我们的生活质量向高档次的境界迈进。设计艺术不单纯是为了美化我们的生活，更重要的是要提高我们日常生活的质量，那么，设计师就有义务推动和促进公平交易的实现。

第二章　包装视觉传达设计的流程

包装设计需要将艺术与科学相结合，科学、经济地完成产品包装的视觉传达、造型、结构设计，因而需要有科学的方法与程序，才能将设计任务完成好。本章内容将全面论述包装设计的整个流程，具体阐述每一个设计环节的重要性。

第一节　市场调研阶段

著名的杜邦定律告诉人们，63％的消费者是以商品的包装和外观设计为依据进行购买决策的。很多人到超市购物经常会超出预算，仔细分析原因，发现额外的支出通常是由于受到精美包装的吸引而产生的冲动购物。由此可见，包装作为商品的衣着和脸面，对消费者的购买决策影响很大。

市场调研的程序主要包括以下几个方面。

一、产品信息调查

包装设计能否促进销售，与产品质量、产品内容、包装类型、消费者、销售环境、销售计划、销售方法等很多方面是密不可分的。对设计对象进行全方位的了解是包装设计首先要做的工作。

有关产品自身的各种调研信息如下：

① 生产企业的名称、历史、发展状况等基本信息。

② 商标的知名度。

③ 产品的外形特征、体积、重量。

④ 产品的类型，是食品、化妆品、五金产品还是文化用品等。

⑤ 商品属性和特点。

⑥ 用途、功能、性能、使用价值。

⑦ 质量与生命周期（主要是指产品的质量及改进的情况）。

⑧ 产品的原材料是否会变质、是否容易受潮、是否发生化学反应等。

⑨ 产品的工艺和技术。

⑩ 产品的成本、价格和利润。

⑪ 产品纵横向的比较，有何优点、缺点，是新产品推出还是改装老产品等。

⑫ 产品的销售地点，从大范围上可划分为国外、国内、城市、乡村、民族地区等，从小范围上可划分为批发、零售、超市、普通商场等。

⑬ 产品的原包装实物资料，包装容器结构是否合理，是否坚固耐用。

⑭ 存在问题。

二、消费者调查

（一）包装设计的消费信息调查

设计师需要准确了解消费者购买商品的心理动机，及时了解新的消费倾向，因此，必须走向社会，走进市场，直接面对消费者，进行消费调查和分析研究。对市场与消费者的调查是任何一个企业开发新产品时最具实际意义的前期工作。

1. 消费者基本信息

消费者基本信息包括年龄、性别、职业、种族、国籍、宗教、收入、教育、居所、购买力、社会地位、家庭结构、购买习惯、信誉度等，可按需要选择适当调查的项目。

2. 商品市场潜在消费力

设计师根据市场潜在能力发掘商品的目标消费群，可以为商品的定位与包装风格的确立奠定基础，预测商品潜在消费群的规模，掌握时尚的风向标，明确消费者的基本消费倾向，避免昙花一现式的流行趋势，为商品的货架寿命做出预测。

3. 消费者的期望和要求

了解占有市场最多的包装样式、风格与倾向。对于消费者喜好的便携设计、易开设计、包装结构设计、造型设计，以及图形、色彩、文字等的创新设计做充分的记录和研究。包装设计中新材料的运用与包装的新功能、新结构设计一样，都能赋予包装设计新的生命力，可使成本降低，品质提升，为销售量的增加提供契机。

4. 现有包装存在的缺点

从消费者那里了解商品包装存在的不足之处：商品包装的尺寸、重量、形状是否合适，使用携带是否方便，包装材料是否符合卫生要求，是否便于保管，是否能重复使用，用后的包装物是否容易处理等。消费者提出希望和改进意见是设计的突破口，对改进包装设计是最有价值的。

也可以向批发商和零售商进行调查：商品标志是否醒目，商品是否具有良好的陈列效果，包装结构是否防盗，保管与搬运是否方便，商品的包装是否便于成批进货，尺寸、重量、强度是否适宜等。

（二）消费者心理

消费者的购物心理发生变化直接影响商品的销售，因此，消费者的心理活动是包装设计的重要参照对象，掌握并运用消费者的心理规律，可以有效地提高设计的创新度，增加商品附加值，促进销售。商品本身具有有形的物理价值，商品的外观（造型、包装装潢、商标名称、企业形象）则具有无形的价值。

在销售过程中，商品包装的风格、品位与时尚元素所产生的心理影响比有形的物理价值更为重要。消费者在购买商品的时候，由于年龄、性别、职业、文化、经济水平、民族、宗教，以及在家庭生活中扮演角色等因素的差别，对商品的需求心理有很大的差异，大体上可以归纳为如下几种。

1. 讲究经济实惠的心理

工薪阶层、心理成熟的消费者，在购买商品时，通常重视产品的使用价值，讲究经济实惠，并不刻意追求造型的美观度和款式的新颖度，希望少花钱而得到便于使用、耐用而且功能齐全的商品。

2. 追求时尚、新颖的心理

知识分子阶层、经济条件宽裕、性格外向的年轻人普遍存在追求时尚、个性的心理，尤其是一些年轻人希望自己能与众不同，对商品的价格似乎不太在意。他们比较重视商品的艺术价值，对商品的造型、色彩、线条、质感都严加挑剔，注重风格、品位的外在视觉感受，商品的造型和包装设计成为消费者的心理追求。现代商品的流行性变化周期越来越短。设计师需要用夸张、对比、突出、反常等刺激性手法，加大色彩形式风格、流派、效果之间的距离，不满足于迎合以往客观的审美情趣，而要善于发现流动中新的审美情趣，不断开拓发展中的处于萌芽状态的新的审美倾向，始终站在时代审美潮流的前列，引导消费者的消费，使消费者在好奇中自然地、积极地进入兴奋状态，产生消费品替换更新的冲动。

3. 追求品牌的心理

购买商品追求品牌的人，通常经济比较富裕，他们信任名牌产品，由于不存在经济方面的压力，所以表现出强烈的追求品牌的心理，购买商品时甚至不问价格。即便是经济条件一般的消费者，在价格接近的情况下，也很自然地会选择知名度高的品牌。

4. 讲究礼尚往来的心理

中国历来是个讲究礼仪的国家，有着礼尚往来的传统习俗，因此，中国的礼品销售不亚于世界上的其他同家。尤其是现代人的交往越来越频繁，访友、生子、升学的祝贺，节日的馈赠、公关礼仪等礼品的往来越来越丰富。购买礼品时消费者较少考虑价格，更多的是考虑礼物达到的效果。

三、竞争对象的信息调查

商品销售的重要压力来自同类商品的竞争，了解市场上同类商品的包装状况，改变策略，加大竞争砝码，有助于扩大产品的市场占有率。

1. 了解目前包装市场状况

根据目前现有包装的市场状况，了解占有市场最多的包装样式、表现手法、表现风格与设计倾向，了解消费者喜好的造型、图形、色彩、文字的创新设计等。

2. 了解竞争商品的包装状况

原材料的品质、价格、输送方便程度、商品外观特质、利润比较，产品在品质上的差异、市场占有率，包装的容量和优劣，产品的信誉和消费习惯等。

3. 针对竞争企业的调查

竞争商的数量；竞争商品的市场占有率；占有率的成因；广告及销售计划特征；商品本身、制造方法、包装的优劣；地理、原料、创业时间等各项有利的点；由竞争厂商的零售点数看各市场间的势力关系等。

4. 销售方式及销售时间

销售的环境，降低销售费用的种种办法，促进消费、奖励消费的办法，销售单位数量的适当程度。

四、实施调研

实施市场调研前，根据上述三个方面的情况，确定和设计相关的调研条目，由于企业推出产品的地点与时间各有不同，加上市场情况多变，所以调研内容本身应具有灵活性，具体问题具体分析。

实施调研时通常采用两种办法：一种方法是采取主观观察的方法进行调研，这主要是从设计的角度对包装在市场上的情况，包括竞争对象、销售环境等方面进行研究观察，并收集资料；另一种方法也是最常见的调研方法，就是设计一份调研问卷，问卷题目的设定要尽可能地确保收集的资料充分和准确，它直接关系到设计定位的决策和设计表现的实施。然后在选定的消费群中进行问答式或填表式调研。调查问卷力求浅显易懂，答案设计简单、方便、合理，便于被调查者快速、方便地配合调查。从理论上讲，调查的人数越多，调研的结果就越具有客观性。

五、调研结果分析

设计调研在设计形式与研发的环节中，占有相当大的比重，统计学的应用使得市场调研数据具有理性的科学价值。从理论上的抽样、调查、统计、分析等到设计方案中的归纳、落实、完善及超前性设想，构成一个完整的设计整体。

根据市场调研及设计师多方面收集到的产品包装设计所涉及的市场、消费者等方面的信息资料，可以采用列表法对调研进行消化总结，把了解到的情况排列出来，从中寻找出需要和可以在设计中表现的重点，如以下几个方面：

①造型倾向。

②色彩倾向。

③生产工艺过程和加工精度。

④产品的用途和使用方法。

⑤产品档次。

⑥ 对广告宣传的要求和计划。

⑦ 企业对产品包装的构想与喜好。

第二节　设计主体定位阶段

一、市场调研结果的整合和优化

在设计定位之前，有必要对产品及与产品相关联的一些情况做调查和资料收集等准备工作，以便于对调研结果进行整合和优化。调查工作的目的：一是调查研究影响市场定位的各种因素，确认目标市场的竞争优势，以及竞争者的定位状况；二是选择自己的竞争优势和适当的定位战略，确定目标顾客对产品的评价标准；三是准确地传播企业的定位概念，明确目标市场潜在的竞争优势。

（一）事前调查

在设计前，要对原有的商品包装进行销售计划、销售方法、市场信息（消费者的要求、商品价格与包装费的比例）等方面的调查。

（二）市场调查

向消费者调查的内容：某种商品包装的尺寸、重量、形状是否合适，使用携带是否方便，包装材料是否符合卫生要求，是否便于保管，是否能重复使用，用后的包装物是否容易处理等。

向销售商店调查的内容：包括商品的陈列效果，价格标志是否明显，取货搬运是否方便，包装结构是否防盗，有无足够的保护功能等。向批发单位调查内容：商品标志是否醒目，保管与搬运是否方便，商品的包装单位是否便于成批进货，尺寸、重量、强度是否适宜等。

（三）产品调查

这是对产品本身的调查。包装产品的容器结构是否合理，是否坚固耐用，比重与包装单位是否符合标准，是否有产品生产许可证等。

（四）包装调查

调查的内容包括商品的包装单位、尺寸、重量、作业方法、包装机械的可用性、流通路线、包装材料、封检材料、标签等，并调查小包装、内包装和外包装是否有保护功能和宣传功能。

（五）调查工作的分工

为了做好调查工作，应确定各项调查负责部门和负责人。一般把事前调查交给计划部门，把市场调查交给经销部门，把产品调查和包装调查交给技术、生产、供应等部门。

（六）试制和试验样品

对调查结果进行研究，确定合适的包装材料，设计出合理的包装结构和造型，并制出样品进行必要的试验，通过试验试用或市场考验，最后对包装设计作出决定。

二、收集产品设计资料

以保护商品或内装物为目的的防护包装应该使其本身的强度可靠并能经受住外界的冲击，尤其是精密机械、电器设备、医疗设备、玻璃制品等的包装，须有更高的要求。以外观装饰为重点的包装如化妆品、药品、食品、玩具、生活用品等，则应注重造型的美观性，以艺术手法来提高商品的形象。无论是运输包装还是销售包装，包装设计的目的，都是要在流通过程中克服各种损伤，以保护商品并促进商品销售。

但是，要在实际上准确地掌握流通过程中可能出现的问题，进而设计出符合流通状况的合理包装，绝不是一件容易的事。因此，在进行包装设计时，就应该采取一定的方法，遵循一定的顺序，建立必要的组织机构，把这一比较复杂的工作做好。下面着重介绍包装设计定位前要做的一些具体工作。

收集资料是设计定位的准备阶段。收集资料要从设计对象和竞争对象两个方面同时展开，具体内容可分产品、市场销售、包装设计三个部分进行。

（一）产品

主要收集有关产品自身的各种资料：

①商标牌号（是否名牌或是较有名气）、品牌与档次；

②商品属性与特点；

③用途、功能、性能、使用价值；

④质量与生命周期（主要是指产品的质量及改进的情况）；

⑤原材料、工艺与技术；

⑥成本、价格与利润；

⑦商品档次、产品纵、横向比较情况；

⑧了解生产厂家对产品包装的构想与喜好、生产厂家的历史等。

（二）市场销售

主要了解同类产品市场销售的情报资料：

①消费对象、销售对象、产品销售地的风土人情；

②供需关系；

③市场占有率；

④销售区域及时节、所在地的风情特点；

⑤销售方式。

（三）包装设计

主要了解同类产品包装及装潢设计的情报资料：

①包装容器的材料、大小尺寸、技术与工艺；

②包装形式、外形与结构；

③表现手法与表现风格；

④包装成本；

⑤存在问题。

对于以上信息资料，我们可以采用列表法将其排列出来，从中寻找出需要和可以在设计中表现的重点，激发创意。

三、包装设计定位的要素决策

设计定位的三个基本要素是品牌、产品、消费者。这三个基本要素在包装设计中都是必须体现的内容，这里以消费者定位为例加以说明。

消费者定位就是要明确是为谁生产的，销售给谁的，属于什么阶层、群体，是针对国内市场还是国外市场等。

（一）社会阶层定位

消费者定位应考虑消费对象是男性还是女性；是儿童、青年还是老年人，以及不同的文化修养、不同的社会地位、不同的民族、不同的生活习惯、不同的经济条件、不同的政治与宗教信仰、不同的心理需求、不同的家庭结构等。

（二）生理特点的区别定位

成功的商品包装及装潢设计之所以能打动人心，很重要的一个方面就是利用心理影响。同样的产品、同样的包装及装潢形式，唯一不同的在于色彩的配置，往往也会使消费者产生不同的心理效应，而产生不同的选择对象。比如，有些商品确定以儿童为销售对象，但儿童用品一般都是由其父母或长辈购买。因此儿童用品不仅要对儿童有吸引力，还要考虑父母为其孩子选择商品时的心理因素。目前，国外在为儿童设计的一些系列商品时，就考虑到父母总是希望通过多种途径使自己的孩子多接受些教育这一心理，而投其所好，常常在包装上印一些既富有知识性又富有趣味性的小故事，尽管这些内容与产品并不相干，却能切中父母们关注开发孩子智力的心理。再如，美国有家生产啤酒的罗林罗克公司，1939 年创业以来生意一直不错。但进入 80 年代后销量大幅下降，最后不得不出售给拉拜特家族。公司新掌权人是营销专家约翰·夏佩尔。夏佩尔走马上任便对公司进行了大刀阔斧的改革，其中一项措施是改变啤酒瓶的造型。他重新设计了一种绿色颈瓶，并漆上显眼的艺术装饰，看上去像是手绘的，在众多啤酒中非常引人注目，使罗林罗克啤酒不像是大众化的产品，而是有一种高贵品质。这种瓶子与其说是包装物，不如说是一种摆设物更合适，而许多消费者认为这种瓶子里的啤酒更好喝。后来，当罗林罗克啤酒销售量节节上升时，人们询问其中的奥秘，夏佩尔回答说："那个绿色瓶子是确立我们竞争优势的关键。"这就是包装容器的造型及装潢通过消费者的心理因素所产生的效应。

（三）包装文案定位

包装上的一些文字内容十分丰富，对消费者也能产生相当的心理效应，在我国奶粉市场上，进口奶粉占有较大市场份额。相比较可以发现，进口奶粉的包装上的文字内容，如食品包装包括品牌、商品名称、制造商、代理商、配料、营养学资料、营养成分含量表、食用方法、保存方法、保质期、净重、食品许可证号、产品标准号、生产日期、厂址、电话、邮编、网址等。还有特别提示，如进口奶粉"力多精"还很明确地指出："用少于或多于指定分量奶粉，会令婴儿得不到适量的营养或导致脱水，未经医生建议切勿改变奶的浓度。"其实，这些资料是唯一一直引导年轻的父母重复购买其产品的动力。特别是那些图形、表格，在中国人眼里，它们代表着权威，代表着一种正式的、专业的、正规的东西，就是这些图表和各种资料，才使年轻的父母们十分信赖这一产品，相信这一产品的品质高人一等。

四、包装设计定位的方法

包装设计定位的方法，是把调查研究得来的、需要传达的信息分为三个方面（即前面所述的三方面的设计定位要素），然后进行定位。在多数情况下，每一件包装及装潢应突出一个重点，要么突出商标牌号，其他内容可放到包装的侧面或背面，要么突出产品或消费者。因为包装画面有限，不可能面面俱到，内容过多易使画面拥挤，不如突出某一方面，效果则更强烈、更好。所谓定位，就是重点突出优势方面。当然，根据需要采用结合式定位也是常用的方式，正如我们在“创意构思”中讲过的，在这种情况下仍应有表现（定位）的倾向性。一般地说，包装设计定位重点选择主要包括商标牌号、商品本身和消费对象三个方面。

这里以商标牌号为例，说明设计定位的方法。

（一）品牌概念定位的方法

品牌定位，是指建立一个与目标市场有关的品牌形象的过程与结果。品牌定位是勾画品牌形象和所提供价值的行为。品牌定位是市场营销发展的必然产物。品牌定位首先要考虑的是：使用还是不使用品牌？使用谁的品牌？使用统一品牌还是单独品牌？商标品牌定位就是要向消费者明确地表现“我是谁”，而品牌定位的特点就是在包装设计上突出品牌的视觉形象。

（二）品牌策略定位的方法

包装设计定位是商品竞争的产物。设计就是要研究如何突破竞争对手们已有的包装及装潢形式和水平。如果竞争对手的产品包装突出产地，产地是它的优势因素，那么自己就要突出产品其他方面的优势，特别是竞争对手所不具备的特点。这是工作的着重点，选择定位的设计策略。品牌定位策略要在顾客中形成统一明确的认识。品牌定位策略要再细分市场、选择目标市场、具体定位三方面选择竞争优势和定位战略，准确地传播产品与企业的定位概念。可以采用“针锋相对”式定位，“填空补缺”式定位，“另辟蹊径”式定位等策略。在档次、价格、质量等方面定位适当，不要定位过高或过低或混淆不清。品牌定位要显示出自己的特色，避免因不当宣传在公众心目中造成的误解。定位过高或过低，不符合企业实际情况，会使公众误认为企业只经营高档高价或低档低价的产品，不清楚实际是否也备有中档产品。

（三）品牌名称定位的方法

品牌名称定位是用文字来表达的商品视觉识别系统中的基本要素之一。品牌名称的定位，可以以企业名称命名，或以动物、花卉名称命名，或根据人名、地名命名，或根据商品制作工艺和商品主要成分命名，具有感情色彩的吉祥词或褒义词命名，或以杜撰的词语命名，还可以以外文译音命名。品牌名称定位要易读、易记、好念、上口。品牌名称要读音响亮、含义隽永、清新高雅、不落俗套，充分显示商品品位，有助于建立和保持品牌在消费者心目中的形象，有助于区别同类产品，建立产品个性，并充分注重民族习惯的差异性，体现产品的属性所能给消费者带来的益处，从而通过视觉的刺激，使消费者产生对产品、对企业认知的需求，符合大众心理，有一定寓意，要能引起消费的联想，能激发消费者的购买欲，使企业形象的树立有一个立足点。比如，康佳、格力、海尔、美的、太阳神、科龙、娃哈哈、黑五类、飘柔、健力宝、999、中国电信、国航等。

（四）品牌色彩定位的方法

商品放在橱窗或货架上，给人有远看色、近看花的感觉，人们对商品包装的第一印象就是色彩。在设计品牌时，通常会制定出几种固定的色彩组合，成为企业产品中的“形象色”，给消费者以强烈的视觉印象。突出品牌的色彩如富士胶卷的绿色，柯达胶卷的中黄，可口可乐的大红色等，都已具备了强烈的视觉吸引力。

第三节　设计方案的表现

市场调研的结论和包装设计定位给设计指明了方向，设计的流程进入到设计草案阶段，设计草案的表现形式通常是徒手绘的设计草图。现在的学生徒手绘能力的下降是众所周知的，但是设计对学生徒手绘的能力要求是不变的，因此有必要对学生进行设计写生和设计草图的训练和指导。

一、设计写生

设计的任务是“提出问题，解决问题”，因此设计写生与纯艺术的写生不同，收集素材为设计服务是设计写生的主要目的，具有较强的实用功能。通常学生习惯于素描纸、大画板、静物加石膏像的写生，习惯于明暗调子的表现方法。包装设计的写生对象是各类产品的外观造型、包装结构及其所处的环境，写生对象发生了改变，写生的表现方法采用的是相对简洁的线描和稍带明暗的线面结合的方法。写生的材料工具也进行了小小的调整，签字笔、麦克笔和铅笔用得比较多，纸张通常建议使用 A4 的打印纸，便于携带和整理装订。

设计写生对写实的要求很高，要求忠实于写生对象，作为包装设计的基础训练，一幅优秀的设计写生应该符合“明确、直接、清晰”的要求。写生过程中，经常会碰到单纯的图形信息无法将意图表达清楚的状况，需要使用文字或符号等指示信息对图形进行补充说明，这是设计写生的一大特点。图形形式没有固定模式，一切以能够将问题解释清晰为最终衡量标准，如图 2-1 所示。

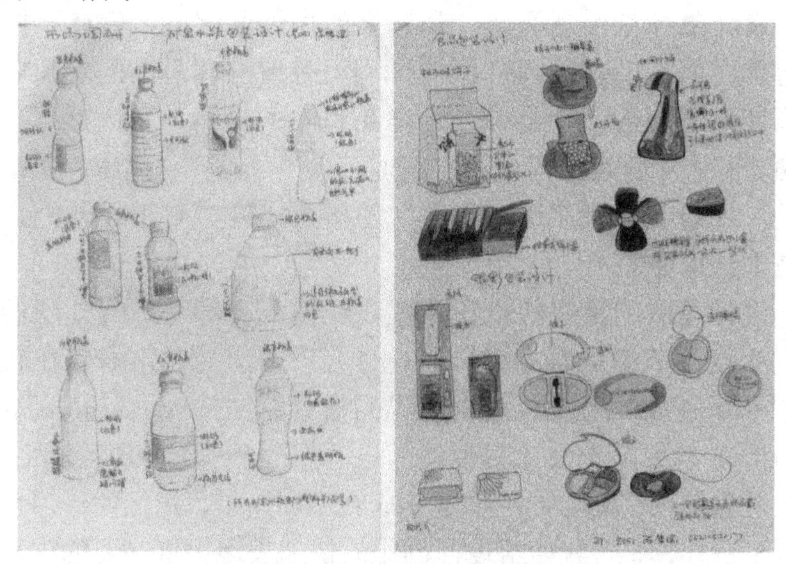

图 2-1　产品包装写生作品

产品包装的设计写生与纯艺术的速写一样也要求能在较短的时间内，准确并快速地勾勒出物像造型。在这里可以用“准确、简练、生动”六个字来对设计写生的表达技巧进行概括。写生中的准确并非素描那样严格要求的精确性，而是对所绘商品的基本形体轮廓、基本的比例、尺度关系要求表现准确，商品的色彩关系可以通过文字的辅助记录解决。简练不是简单，需要学生通过主观的判断对所描绘的商品进行必要的概括、提炼，它是对整体造型能力的概括，写生技巧的熟练程度的表现。生动是设计师情感的表达，这种情感蕴含在线条、笔触之中，反映出绘画者的审美情趣与艺术修养。

二、设计草图

草图围绕着商品的属性特征来进行思考，并把头脑中所设想到的各种形态，通过修改加以完善。要快速、准确、概括地表现出形态的各种体面的转折、穿切关系、材质及色彩效果。包装设计的草图是设计师表达或记录自己设计意图最习惯的一种语言形式。在包装设计的创作过程中，设计以草图的形式进行初步的表达，与他人进行沟通，构思各种可行性的方案。

设计是计划，是构想，是思维的表达，因此，设计草图不是再现，而是创新以及创新的过程，是造型和思维的想象。设计草图是严谨的，它必须满足商品包装的结构、生产工艺、使用功能和企业营销的需要，在表现时除了“准确、简练、生动”之外，还要强调“严谨、尺度”的概念，这些对于设计师来说都是十分重要的。

设计草图的重要特点还体现在快速表现和对透视知识的应用上。设计草图是面对客户的，与客户的沟通通常需要在较短的时间里完成，因此快速表现成为设计草图的一大特点。这一能力的培养是基于设计写生的，设计写生能锻炼和加强学生对写生对象的记忆能力，使学生养成观察、记录、记忆的好习惯，拥有了设计记忆，就能给设计创作的快速表现提供必要的支撑。透视知识是设计的基础，透视方法的应用在艺术设计专业领域中占有极其重要的地位。包装设计的草图对透视也有一定的要求，透视方法的灵活运用，不但可以帮助设计师将设计的意图表达得更加明确，还可以帮助设计图纸产生多元、丰富的视觉效果，提高草图的可读性，使设计方案阐述得更加清晰、更具感染力，客户更容易理解和接受。

同时设计草图也十分注重审美的表达，比如，画面中线条、笔触及构图等形式美感的处理。在这一方面，设计草图显现出与艺术速写的共通性，但设计草图对“美”的表达更侧重于记录产品包装经设计后本身所呈现的结构美、形态美、色彩美，而非纯艺术绘画那样专注于线条、笔触、色彩等艺术语言的主观情感性表达与艺术形式感的处理。在这方面设计草图少了些纯艺术的意识，多了些理性化的思维特点，如图 2-2 所示。

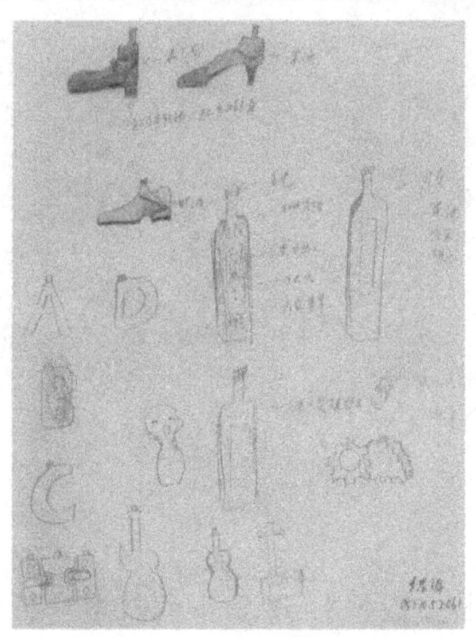

图 2-2　设计草图作品

三、方案优化及后续程序

（一）方案优化

从草图中筛选出较为合适的方案绘制彩色的效果图，并将主要陈列面、透视图、三视图做统一、完整、详细的描绘，同时按照包装产品的实际尺寸或按一定比例做包装的模型。平面的立体构想图在立体制作后，会与想象中的效果有一些差距，通常需要进行修改与调整，也可以预防实际生产时可能遇到的具体问题。包装基本形式确定后，中包装与外包装也同步进行系列化的设计，根据效果需要调整整套之间的关系，对每个单元进行局部的完善。此时的小样方案可能是一套，也可能是多套（见图 2-3、图 2-4）。

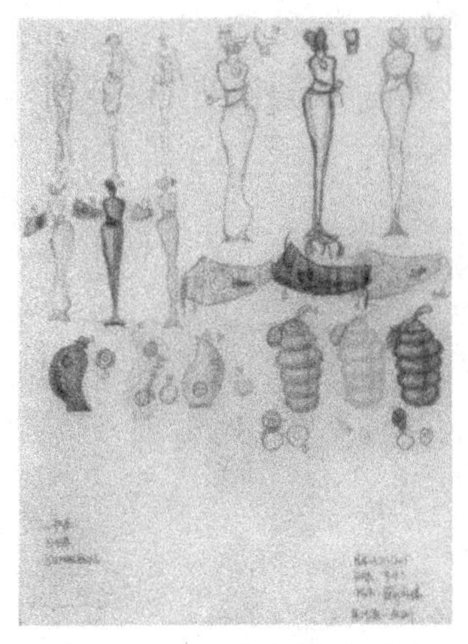

图 2-3 设计小样（一）

图 2-4

（二）定稿

设计方案由上级设计师或设计总监审定、判断、确认后提交给客户，对材料、造型与视觉传达等每一单元细节及制作工艺计划进行调整与协调沟通。通过可行性研究论证之后，设计师对设计进行最后的修改，经再审定或者再修改直到定稿（见图 2-5、图 2-6）。

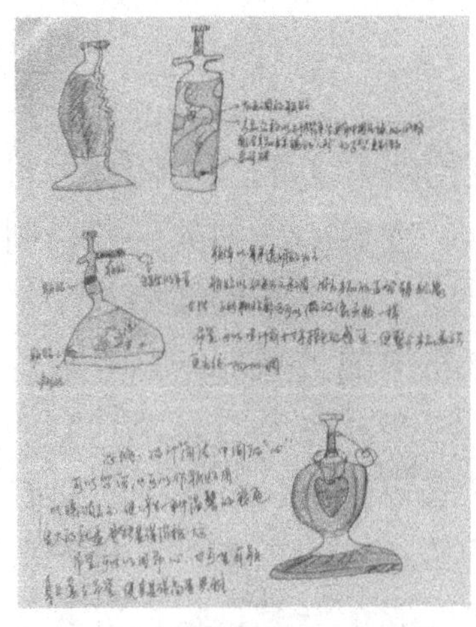

图 2-5

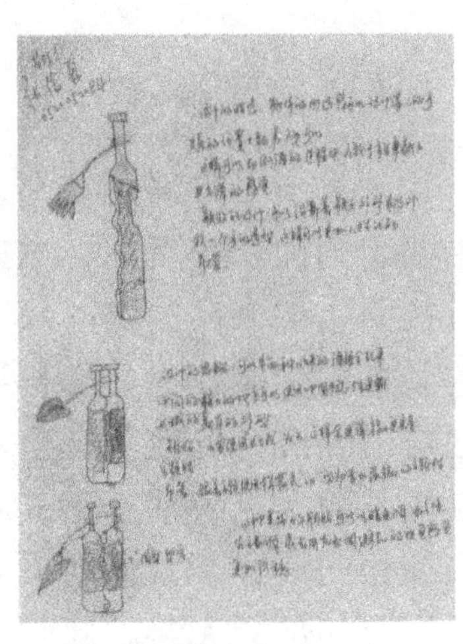

图 2-6

（三）正稿制作

把包装设计作品生产出来成为实物，仍需要设计师制作印刷制版稿，因此电脑辅助设计是设计师必须掌握的，它可以大大缩短过去耗费在手工制作上的时间，为提高设计水平创造了条件。设计时常用的软件有图形绘制软件 CorelDraw、Freehand、Illustrator，图像编辑软件 PhotoShop，排版软件 InDesign，以及一些中文字体软件和拉丁字母、字体软件。

设计师根据设计草图，使用绘图软件绘制图形，导入 PhotoShop 软件，结合摄影图片进行拼接、变形、淡化、风格化等艺术化处理，也可以按照设计构思修正图片，直到图片达到设计预期的效果。完成图片的修正和色彩安排之后，调入 InDesign 进行文本编排和拼版。整体的电脑设计稿件完成后，便可用彩色输出机打印输出，打样交客户认证即可投入生产。

（四）交付生产、流通检验

包装材料的多元化导致包装印刷不同于普通印刷，纸包装通常会涉及两种以上的印刷工艺，如平版和凸版印刷结合，烫金、压凸、上光等工艺的结合，大部分纸包装都需要模切成型；金属包装盒，需要冲压成型，它和塑料包装需要用丝网印刷工艺在曲面上印制，因此，交付生产前包装工程设计师还要做模切版设计、浮雕压凸版设计、冲压模具设计等，印刷完成后，做模切、浮雕凸版样品，确认与设计无误后投入生产。

穿上新外衣的产品，经过企业内部检验，小批量上市接受销售环节的考量。设计师和销售人员在市场上听取消费者的意见反馈，做最后的修改和完善后进行大批量生产，包装设计的全部程序就完成了（见图 2-7、图 2-8）。

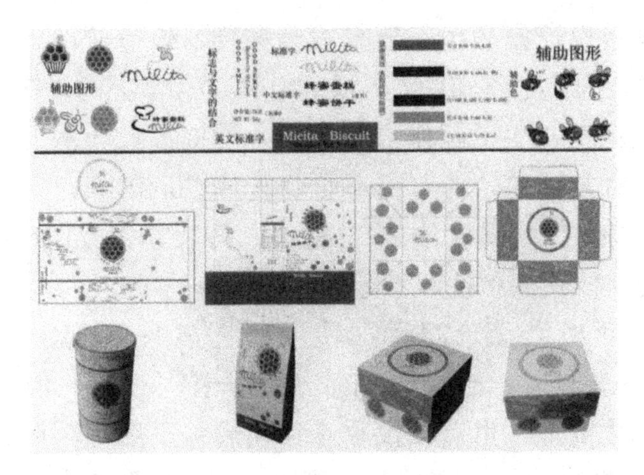

图 2-7

图 2-8

综上所述，我们可以清晰地将包装设计的一般流程及方法规律作一番梳理，具体如图 2-9 所示，这一流程方法对从事包装视觉传达设计的工作人员及学习者具有很强的现实指导意义。

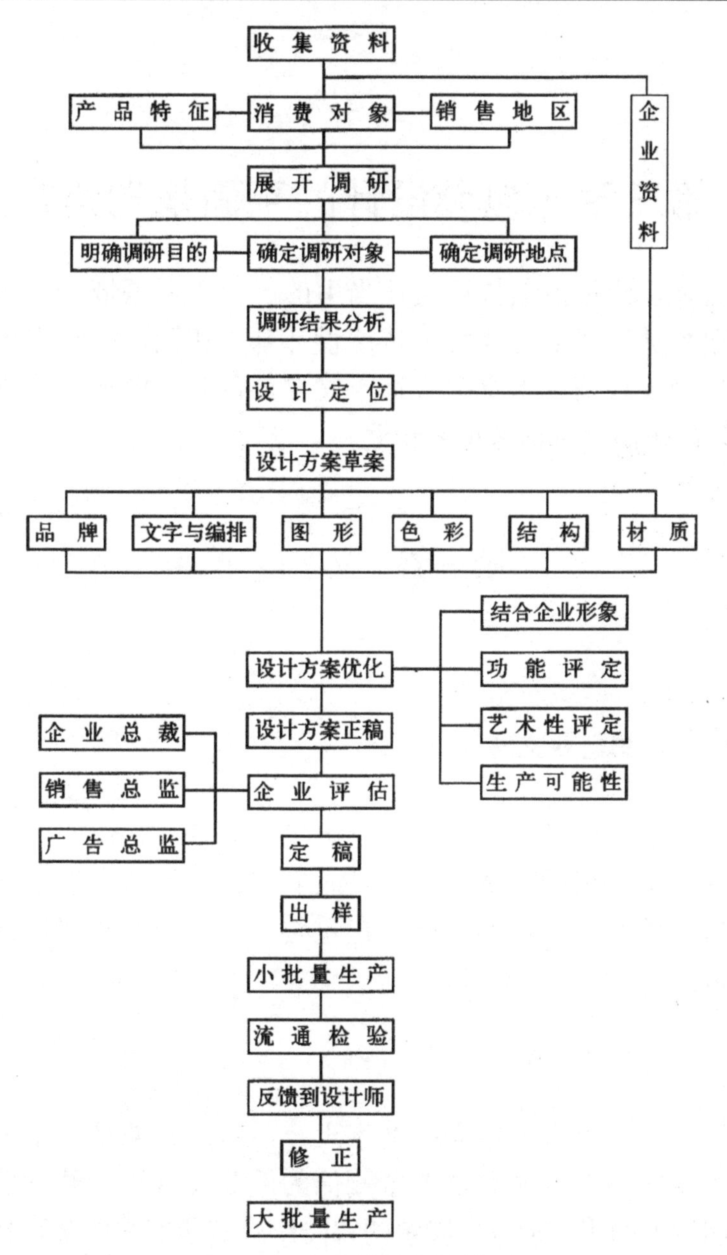

图 2-9　包装设计制作流程

第三章　包装设计的平面视觉语言

包装设计是视觉传达设计当中的一个重要领域，它所包含的平面视觉设计语言和视觉传达设计基本相同，同时也包含了一些自身的特征。本章内容针对文字、色彩、图形、编排等包装设计的平面视觉语言展开论述。

第一节　文字设计

一、中文与西文文字

文字是一个民族、一个国家历史的痕迹。它作为约定俗成的具有表意作用的视觉符号，是人们在日常生活中进行交流时除语言之外的另一重要工具。在包装设计当中，文字是最基本的要素。

（一）中文文字

汉字是世界上最古老的文字之一，它的起源是一个未解之谜。汉字的演变遵循着从繁杂到简约的演变规律，并呈现出人类文明发展的丰富内涵。汉字的特殊结构有着书法的某种特征。由线条图形演变而成的书法呈现出构图美，具有独特的艺术价值。

在中国文字中，各个历史时期所形成的各种字体，有着各自鲜明的艺术特征。按照它们各自的艺术特征，我们可将其划分为甲骨文、金文、篆书、隶书、楷书、行书、草书七种字体[①]（见图 3-1）。

甲骨文多为图画文字中演变而成的，象形程度高，且一字多体，笔画不定，又因多为刀刻在龟甲兽骨上，故其文字带有坚硬的笔法。

金文，又称钟鼎文，它与甲骨文相比，象形程度更高。金文填实的写法，使形象生动逼真，浑厚自然。

汉字发展到西周后期，演变为大篆。大篆的特点主要表现为：线条化由早期粗细不匀的线条变得均匀柔和且十分简化。

小篆形体结构规正协调，笔势匀圆整齐，偏旁也进行了改换归并。大篆与小篆合称篆书，篆书具有古朴典雅的特点。

隶书因其字较方正、厚实，故带有刚正不阿的严肃感，同时它还具有静中有动，富有装饰性的特点。

楷书，又名真书、正书、今隶，它具有工整秀丽的特点。这种字体一直沿用至今，被视为标准字体。

行书是介于楷书与草书之间的，运笔自由的一种书（字）体。它易识好写，实用性强且风格多样，个性各异。行书不同于隶、楷，其流动程度可以由书写者自由运用。

草书又称破草、今草，字体具有风驰电掣、结构紧凑的特点。草书给予观者豪放不羁、流畅之感。

印刷体	甲骨文	金文	小篆	隶书	楷书	草书	行书
虎	[illegible]	[illegible]	[illegible]	虎	虎	[illegible]	虎
象	[illegible]	[illegible]	[illegible]	象	象	[illegible]	象
鹿	[illegible]	[illegible]	[illegible]	鹿	鹿	[illegible]	鹿
鸟	[illegible]	[illegible]	[illegible]	鳥	鳥乌	[illegible]	鸟

图 3-1　汉字的不同字体

① “甲金篆隶楷行草”七种字体称为“汉字七体”。

（二）西文文字

西文文字多由拉丁字母构成。拉丁字母起源于图画，它的祖先是复杂的埃及象形字。西文文字以英文为主要代表。设计中通用的是印刷英文体。其字母包括矩形（H、N、Z、E）、圆形（O、Q、G、C、D）、三角形（A、V、W、M、X、Y）三种基本类型及其组合变化，它不可能被纳入同样大小的方格之中，其字高虽相对统一，但字面的宽度因字而异，这种尺度的变化可称为“字幅差”。

西文文字的特点体现在以下几个方面。

1. 罗马字体

罗马字体的顶端和字脚处有装饰线，横细竖粗且对比强烈，长宽比例一般为 8 ∶ 1。它与汉字的宋体特征相似，具有优美和谐的风格，至今仍是最受欢迎、最常见的字体之一。

2. 无饰线体

无饰线体亦称等线体、无字脚体。它们都有几乎相等的线条。字体简洁明快，朴素端正，十分清晰，现代感强。

3. 歌德体

这种字体是用较宽的笔尖写成的，它几乎每笔多折成多边形，字母竖线粗、细线紧而密，字脚像歌德式建筑的柱一样，具有一种宗教的神秘之感。

4. 书写体

书写体是在快速书写的民间手书体的基础上建立的，也是斜体进一步发展的结果。与其他字体相比，它能够较多地显露出特殊风格、工具性能。它大多有着倾斜的角度并表现出运动的姿态，是一种活泼自由、号召力很强的字体。

5. 变化体

变化体是在各种拉丁字体的基础上进行装饰、变化而成的。

它的特征是运用丰富的想象力，在艺术上作较大的自由变化，以加强文字的感染力。它们不像罗马体、等线体那么严肃端正，而是比较生动、活泼、轻松。

二、文字设计的手法

（一）笔画的变化

任何笔画都可以进行粗细、直曲的变化，但需要注意和谐性。一个文字不宜做风格过多的变化，并且要保证对文字识别性有着重要意义的主要笔画的完整，不宜过分复杂。

（二）外形的变化

文字都是以方形为基本外框，做创意设计时则可以将文字的外形做压扁、拉长、倾斜、弯曲或呈圆形、梯形、三角形等处理。

（三）结构的变化

对文字的结构可以进行大胆变形，打散重新构成，并结合形象法、意象法、装饰法等充分发挥想象力，以抽象或具象图形创构新的文字图形，使文字的表现空间得到进一步拓展，增强字体表现的视觉冲击力（见图 3-2）。

图 3-2

以上分析的只是字体设计的一些基本方法，其他的还有断笔连笔、切割破形、虚实相生、简化求真、趣味装饰、拼贴再造、对比求异等，这里我们就不再一一进行分析。

三、包装文字的类型及设计要求

（一）包装文字的类型

1. 牌号、品名文字

牌号、品名文字是包装中的重要文字，是传递商品信息最直接的因素，通常将它们安排在包装的主要展示面上（见图3-3）。

图 3-3 “咸鸭蛋”品牌包装

2. 资料、说明文字

资料、说明文字可以帮助消费者更进一步地了解商品，加强对商品的信赖感及使用过程中的便利感（见图 3-4）。

图 3-4 信阳毛尖产品介绍

3. 广告文字

广告文字是宣传商品内容的推销性文字。文字内容及字体更为灵活、多样，富于变化，流露出自然、亲切之感，通常将广告文字放在主要展示面上。

（二）文字设计的要求

1. 突出商品的特征

文字设计要从商品的物质特征和文字特征出发，在选择字体时，注意字体的性格与商品的特征相互吻合，达成一种默契，从而能够更生动、更典型地传达商品信息。

2. 加强文字的感染力

在一些包装设计上为了突出产品的精神内涵，常使用一些书法手写体或一些字体的变体来增强产品的文化意味，在满足形式与内容统一的前提下，运用字体本身的变化和文字编排上的处理，使消费者在看到商品包装时就会产生联想和共鸣，从而达到良好的销售效果。如图 3-5 所示“百龙”两个字就具有手写体的效果，即古老、苍劲的艺术效果，配以牛皮纸质感的外包装和棕色色调，完全表达出商品的历史感和品质感。

图 3-5　百龙茶业包装设计

3. 把握字体的协调性

为了丰富包装的画面效果，有时会使用好几种字体，因此，字体的搭配与协调就显得非常重要。包装中的字体运用不宜过多，否则会给人凌乱不整的感觉（见图 3-6）。

图 3-6　绍兴黄酒包装的文字设计

第二节　色彩设计

一、色彩的定义

色是日常的视觉经验中的一种状态，这是一种含糊的表述。不同的学家对色彩有着不同的理解。

“物理学家从光的分光反射率及透射率来考虑色，而化学家却从颜料和染料的化学成分来考虑色。文学家对色的说明更为直截了当，所谓色就是被破坏了的光。生理学认为，色在视觉中是一种由电子化学作用而产生的感觉现象。精神物理学则认为，色是具有色刺激特性的色感觉。最后这种说法似乎更接近于人们通常意义上的理解。”

物体的色彩在光的照射下呈现出的本质颜色叫固有色，物体的色彩在光的照射下，同时受到周围环境的影响，反射而成的颜色叫环境色。

二、色彩三要素

色相、明度和纯度是色彩的三要素。

色相是色彩的表象特征，通俗地讲，就是色彩的相貌，也可以说是区别色彩用的名称。所谓色相，是指能够比较确切地表示某种颜色的色别名称，如玫瑰红、橘黄、柠檬黄、钴蓝、群青、翠绿等，用来称谓对在可视光线中能辨别的每种波长范围的视觉反应。色相是有彩色的最重要的特征，它是由色彩的物理性能所决定的，由于光的波长不同，特定波长的色光就会显示特定的色彩感觉，在三棱镜的折射下，色彩的这种特性会以一种有序排列的方式体现出来，人们根据其中的规律性，制定出色彩体系。色相是色彩体系的基础，也是我们认识各种色彩的基础，有人称其为“色名”，是我们在语言上认识色彩的基础。

明度是指色彩的明暗差别。不同色相的颜色，有不同的明度，黄色明度高，紫色明度低。同一色相也有深浅变化，如柠檬黄比橘黄的明度高，粉绿比翠绿的明度高，朱红比深红的明度高等。在无彩色中，明度最高的色为白色，明度最低的色为黑色，中间存在一个从亮到暗的灰色系列。在有彩色中，任何一种纯度色都有自己的明度特征。

“纯度”又称“饱和度”，它是指色彩鲜艳的程度。在自然界，不同的光色、空气、距离等因素，都会影响色彩的纯度。比如，近的物体色彩纯度高，远的物体色彩纯度低；近的树木的叶子色彩是鲜艳的绿，而远的则变成灰绿或蓝灰等。

三、包装设计中色彩的功能

（一）色彩的识别功能

在人类发展史中，色彩的存在孕育着人类的审美文化，色彩对人的生理和心理都产生极大的影响，特别是用三棱镜分解了太阳光之后，更为人类研究色彩理论提供了有力的理论支持。人类对色彩的辨别能力是非常强的，能够识别出上百万种的色彩，包装设计利用色彩的完美表现力，加上设计师能准确地运用技巧和丰富的色彩理论知识，把握住商品的定位及特点，最终设计出该商品所特有的色彩形象，使商品在同类商品中脱颖而出（见图3-7）。

图3-7　某茶叶品牌独具特色的包装

（二）色彩的促销功能

商品包装色彩运用到位会格外引人注目，色彩是直接作用于人的视觉神经的元素，当人们面对众多的商品时，能在瞬间留给消费者视觉印象的商品，其包装一定具有鲜明的个性色彩（见图3-8）。

图3-8　Megan Stone 包装设计作品

四、包装设计中的色彩心理

自人类认识色彩、运用色彩的时候起，色彩就含有情感并成为一定事物和思想的象征。

色彩由于在色相、明度、纯度上的不同性质特征给人不同的感受。首先，色彩具有温度感，波长较短的颜色如蓝色、绿色给人冷寂、平静的感觉，被称为冷色；波长较长的颜色如红色、橙色给人温暖、热情的感觉，被称为暖色。其次，色彩具有轻重感，明度高的色彩偏轻，明度低的色彩偏重。此外，色彩还有膨胀感和收缩感，冷色收缩而暖色膨胀，如图 3-9 的冰淇淋广告设计。

图 3-9　冰淇淋广告设计

一方面，色彩通过影响人的生理使之产生心理上的情感，比如蓝、绿色让人感觉到平静安稳；橙色、红色能使人兴奋，感到喜庆与热情等；黄色具有光明、辉煌感，也被当作高贵、富饶的象征；紫色代表神秘华丽、白色象征纯净圣洁、黑色让人觉得沉重压抑……这些都是生活的经验使人们对不同的色彩产生了不同的联想。

另一方面，由于历史背景、文化信仰及生活经验的影响，色彩在特定以及不特定的人群心目中具有各自的象征性。这些色彩所蕴含的情感能辅助设计师深化版面的主题。

第三节 图形设计

一、图形的定义

图形是在特定思想意识支配下，对某一个或多令元素组合的一种表现形式，它强调的是视觉符号的语言作用和象征意义。

传统意义上的图形概念很窄，指具有可复制性又有别于文字、词语的一种图形符号，而如今，设计学中所指的图形概念，应该界定为一种可以通过大量印刷、复制和利用媒体高频率传播，能够产生视觉图像，用以传达信息、观念的视觉形式的图像符号。

图形是一种独特的视觉语言，具有生动、直观、准确等特点，在设计活动中，图形往往很难被文字语言等代替，主要归功于图形语言在信息传递、促进交流、加强理解等方面的独特优势。运用图形语言，需要对图形进行分解、重构，解释客观世界的本质以及内在的联系，英国学者霍克斯曾说过：“人类也借助非语言的手段进行交流，所使用的方式因而可以说是非言语的，或者是能够扩展我们的语言概念，直到这一概念包括非言语的领域为止。事实上这种扩展恰好是符号学的伟大成就。”

总之，图形较之语言、文字两种人类的传播工具有独特的意义。首先，人脑 60% 以上的信息通过视觉获得；其次，图形的表现形式、传播方式是语言、文字两种形式无法比拟的。

二、图形的特征

（一）直接明确

语言文字是较抽象的，要配合想象；而图形明确、具体，一览无余。可见，图形在传播信息中占有直接有力的优势。

（二）易识别和记忆

人类总是依赖观察物象来理解事物，从感性到理性，由表及里，由外而内。图形以它独特的优势提供给人们最直观的形象，因此人们从可以观察图形到引起的联想，然后认识深入到事物的本质，既易于理解又方便记忆。图形补充了文字在沟通交流中的不足和缺憾，如果与文字相配合更能起到说明问题的作用。

（三）准确生动

图形传递信息直接有力，图形可以像一面镜子一样将信息生动、准确地投射出来，可以引起联想，不用过多地解释，人们会在短时间内毫不费力地判断接收信息。好的图形创意可准确感人，传达和留下直观的印象，使人回味无穷，有种意犹未尽的功效（见图 3-10）。

图 3-10 坚果包装上的图形令人印象深刻

（四）超越语言障碍

语言文字具有民族性、地域性，各民族都有自己独特的语言，这也给不同国家或民族之间的交流带来了困扰，而图形打破了这种局限性，可以在国际上进行广泛而深远的传播。当然图形也具有一定的民族性，比如，西方的十字架象征拯救与死亡，中国的牡丹象征富贵、寿桃象征长寿，都有着更为深邃的思想和丰富的意义内涵，但是因为构成图形的视觉元素大都源于人类的生活或生存环境，它们大多是相同的或相似的，人种和地域的区别带有普遍性，所以是能够沟通和理解的。

图形的象征性呈现出多元化，运用时，既取决于设计者的生长环境、知识广度和深度，也取决于设计者的技术手段和审美品位，它使设计者散发出思想和智慧的光芒。

三、图形创意的观念与情感

（一）注意与投射

人们对某一事物的刺激、指向、集中就是注意。

注意是图形认知的重要方式，也是知觉的一个重要反应。在心理学研究中，注意有两种形式，即无意注意和有意注意。自觉的、有预定目的，并经过意志努力而产生和保持的注意，叫有意注意。有意注意能使人的感受性提高，知觉清晰准确，所以它是人们获得知识和进行工作的主要方式，但它易于引起心理疲劳，持续的、大量的刺激会降低认知效率。无意注意是事先没有预定的目的，也无须作任何意志努力，不由自主对某些事物产生的注意。它不由意识控制，是人们自然而然地对那些强烈的、新奇的、感兴趣的事物所表现出的意识指向，是注意的一种初级表现。[①] 在视觉传达设计中，研究人对图形信息的注意方式、不同的图形的形式和传达手段对吸引注意的作用、不同人群对图形信息反应的不同情况等，是把握传播效果的重要前提。图 3-11 中两幅作品都通过强调产品或主题本身的特征，并把它鲜明地表现出来，使观者在接触画面的瞬间即很快感受到，从而对其产生注意和发生视觉兴趣。

---

① 支林 . 图形创意 [M]. 北京：人民美术出版社，2010.

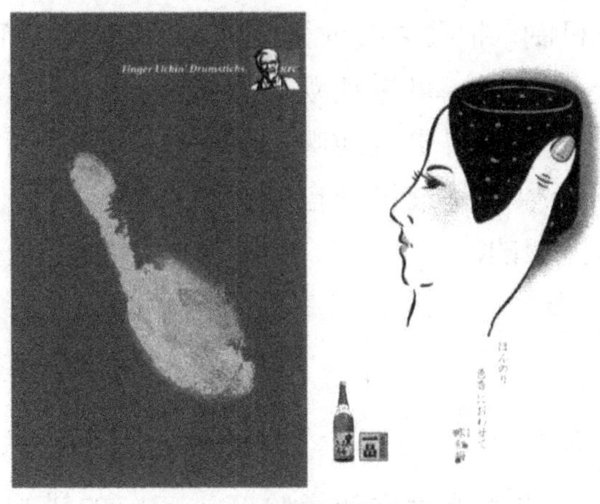

图 3-11　图形中的注意

经研究发现，无意注意能广泛激起人们的注意，但又不像有意注意会使人产生身心上的疲劳，可以成为大众信息传播最重要的手段之一，所以，商业广告的传播就是通过这种形式实现的。

在为注意下定义时，其中的关键词有“刺激”“指向”，说明这两个关键词是注意产生的条件。所以，单凭无意注意不可能取得深刻的认知，只有把无意注意和有意注意结合起来，才能提高效率。在图形设计时我们要遵循认知心理学的要求，从调动注意程度上着手，把要传递的信号做出特别的处理。

投射是心理学上的一个概念，是指一个人将自己的思想、态度、愿望、情绪、个性等性格特征，不自觉地投放在他人或者外界事物身上的一种心理作用。在图形知觉中，投射表现为意象在对象身上的反映、投射人的最基本的心理过程。

视觉心理学让我们知道，人辨识物象常常离不开投射和视觉预期。在图形设计中，怎样运用引导的手段激活投射的机制是调动观者参与创造、形成互动的重要途径。人们所看到的客观现实往往受到内在心理活动的影响。在图形设计中，运用什么样的手段调动观者参与创造、形成互动是十分重要的。

在进行图形创意时，首先从一个复杂的形象上选择几个突出的特征处，留下一些空白和模糊的区域，利用这些模糊区域，激活人的投射机制。把要素投射到物象上激起惊奇和重新认识，把隐藏的形表达出来，可以使观者寻找、回味、想象，从而使整个图形识别过程变得更有趣味，并且由于这是由观者自己建立起来的完整形象，是最符合自己意愿的预期，因此也是最传情达意、回味无穷的。

（二）错觉

1. 错觉的概念

人们对以往的物象对比和经验产生一定的错视就是错觉。错觉对设计活动的影响很大。一方面，利用错觉可以获得某种艺术效果；另一方面，利用错觉可以纠正对线条、形体、色彩等方面的视觉偏差（见图 3-12）。

图 3-12　利用错觉设计的牙膏广告

2. 错觉的运用

设计活动中最常使用的错觉现象包括：两可图形、似动、不可能图形、错觉轮廓、恒常性。

（1）两可图形。所谓两可图形，通俗的说法就是有两种可能，主要由图底关系的模糊和构成要素位置、形状的模糊造成的（见图 3-13）。

（2）似动。似动是一种实际上没有动而知觉为运动的错觉。视野内的不同位置的两个光点以每秒四五次的频率交替出现就会出现，使人感觉光点忽明忽暗，光点在两个位置之间来回移动。这种现象在夜晚的霓虹灯、迪斯科舞厅照明中最为明显（见图 3-14）。

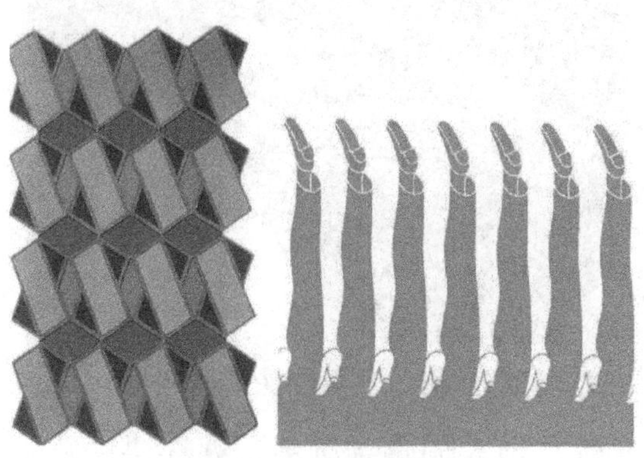

图 3-13　两可图

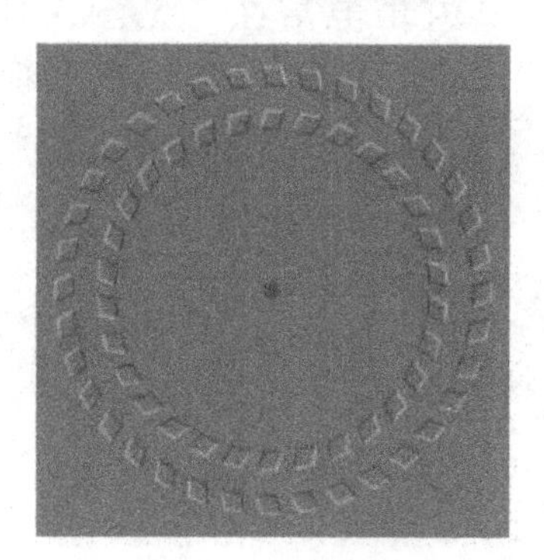

图 3-14　似动

（3）不可能图形。不可能图形是时间和空间上已经超出了人们正常认识的范围，在原理上相当接近矛盾图形。运用不可能图形主要是能带来不一样的视觉效果，并没有什么深刻的内涵（见图 3-15）。

（4）错觉轮廓。没有直接刺激而产生的轮廓知觉就是错觉轮廓，也称“主观轮廓”。[①]

错觉轮廓运用在艺术设计中的范围很很广，如电子显示器

① 这种类型的错觉产生原因有：首先，画面内存在有规则的空白，人们试图赋予它意义；其次，人的知觉本身也具有自我补充的能力，也就是格式塔心理学理论中提出的知觉系统倾向于将事物组合成简单、具有一定意义的整体的倾向，人对周围环境的感知不是支离破碎，盲人摸象，而是从一开始倾向于作为一个整体被感知。

上的点阵图则是利用这一原理，很多标志和图形设计也是运用的错觉轮廓。

图 3-15　不可能图形的运用

（5）恒常性。当人们感到刺激，外界要件发生一定的变化，但客观事物并不变化，就是恒常性（见图 3-16）。

图 3-16　恒常性广告设计

（三）联觉

各种感觉互相沟通就是联觉。例如，视听联觉，暖色给人温暖，冷色给人以寒冷等。

（四）完形与语境

1. 完形

完形是德国词汇，源自一群研究知觉的德国心理学家，原意为形状、图形。完形性是格式塔心理学原理之一，是一门研究人的知觉规律的学说。

例如，在中国画中，经常出现留白，取得了以少胜多、以一当十的效果。这正是运用视知觉的主动完形倾向，才使那些有限的形表达出宇宙般的广阔无垠（见图 3-17）。

图 3-17　中国画中的完形

完形之所以能够产生，主要靠图形各部分之间的联系，设计师可以遵循下面的几条原则进行运用。

相似性原则——人们倾向于把相似的成分看成一组；

接近性原则——人们看图形时倾向于把图形中接近的成分看成一组；

良好连续原则——人们倾向于识别出有规则的相继的连续图形；

封闭性原则——人们倾向于识别出封闭的或者完整的图形；

对称性原则——人们倾向于识别出自然的、平衡的和对称的图形。

人的视知觉具有一定的主动完形倾向，当不完全图形呈现在眼前时，会激起一股将它“补充”或恢复到应有的完整状态的冲动，从而使知觉的兴奋程度大大提高。在应用中如何通过不完全图形创造出深刻的形式意味，是创造性的重要体现。

2. 语境

言语的环境就是语境，分为“语言性语境”和“非语言性语境”，前者包括时间、对象、情境、上下文等；后者包括身份、文化背景、交际方式等。

同样的素材，处理的手法不同，或者置于不同的语境中，性质与功能就会产生极大的变化。如图 3-18 为法国平面设计师姚尔丹的作品，相同心形素材的运用，因为吸纳手法与置于语境的不同，画面效果产生了极大差异。现代设计中经常研究、借鉴传统图形的“形式美”法则和“意韵美”的特点，重塑设计语境。

图 3-18　平面设计作品

四、包装设计中图形的分类

（一）产品形象

产品形象是品牌传播和品牌识别中的一部分。确定一个产品形象的主力图形、确定主力色彩、确定构成元素及主题思想，以主题元素为核心，在变与不变的策略指导下，结合产品元素、竞争元素及消费者元素，形成产品形象的整体统一、易于识别的品牌形象（见图 3-19）。

图 3-19 产品形象一目了然

（二）人物形象

在众多形象中，人物的形象给人留下的印象最为深刻，使用人物形象的包装产品大大增加了亲和力和信任感。所以许多商品包装会选择用人物形象来展示主形象。

（三）说明形象

在包装设计中使用的原材料形象、产地信息形象、商品成品形象、使用示意形象等都属于说明形象。例如，多数加工后的商品从外观上是看不出原材料的，而在商品的制作过程中又确实使用了与众不同的或有特色的原材料，为了使其成为卖点，往往会在包装上展现这种原材料的原有形象，以突出商品的个性形象，有助于消费者对产品特色有更好的了解。还有一些具有地方特色的商品，为了强调产品的品质特色，会在包装上展现当地的风土人情或地方色彩等视觉形象。另外，在包装上展示商品的使用方法和程序，来帮助消费者更好地使用产品，这些都属于说明形象的使用。

（四）装饰形象

装饰形象是指使用与商品内容无关的形象，借用比喻、借喻、象征等表现手法，突出商品的性格和功效，增加产品包装的趣味性。还有一些地域性、民族性较强的商品，会在包装上使用有文化特色的传统图案、纹样、色彩等突出商品的特点，与现代包装工艺相结合体现出时尚性（见图 3-20）。

图 3-20　“影人头”蜂蜜麻糖包装

第四节　编排设计

一、包装编排设计概述

（一）包装编排设计的定义

包装是视觉传达设计中和商品关联最为紧密的设计门类，它是传播企业和商品信息的有力媒介，并直接参与市场竞争。具体来说，包装设计是采用适宜的材料、造型、结构和防护技术，通过策划及创意，运用文字、图形、色彩等视觉构成要素，创造出有自身特色的产品包装形象。

包装设计包括材料形式美的组织、造型结构形式和文字、商标、图形、色彩的艺术性设计（见图 3-21）。包装设计的任务是利用生产者提供的信息资料进行产品的包装结构、容器、装潢设计，并配以适当的文字、插图和色彩，使产品包装的表面构图产生活力，对消费者的视觉产生冲击，引起顾客注意，从而引起购买行为。

图 3-21　香水包装

包装设计中的文字主要有两种功能：一是传达商品的基本信息；二是将汉字作为设计元素，通过字体的设计发挥文字的审美价值。包装中的文字一般包括品牌名称、产品名称、广告语和说明性文字等。字体设计的对象一般是品牌名称、产品名称和广告语。说明性文字一船采用印刷体，丰富阅读性和规范性。

（二）包装编排设计的要领

包装编排设计需要注意以下几个方面的内容。

第一，包装的平面设计必须与企业识别统一，要考虑相应的颜色、文字等联系，要表达出品牌和公司的形象。

第二，包装必须有吸引力，其文字的易读性要好，适应于相应的观众和市场，而且一定要做出实物模型。

第三，包装可能是平面二维的设计，但依赖于三维的展示，需要考虑每个面的效果，并且不要遗漏信息，如厂商名、产品名、内容、重量和其他有关信息。

第四，包装在货架上是多个一起摆放展示的，因此应注意与产品系列的其他款式相统一。

二、包装编排设计方法

包装设计的任务是利用生产者提供的信息资料进行产品的包装结构、容器、装潢设计，并配以适当的文字、插图和色彩，使产品包装的表面构图产生活力，对消费者的视觉产生冲击，引起顾客注意，从而引起购买行为。以下对两种设计方法进行解析。

（一）激发消费者购买欲望的包装编排设计手法

包装是最贴近商品的广告，它不但伴随商品出现在销售场所，消费者在购买后还要把它跟商品一起带回家。事实上在很多时候，包装比其他形式的广告更能影响消费者的购买行为。例如，图 3-22 所示为思念汤圆的包装编排设计，其色彩具有较强的诱惑力与煽动性（食品包装上的色彩会尽量烘托出商品的美味可口、芳香诱人），能够激发消费者的购买欲望。

图 3-22　思念汤圆包装设计

（二）清晰、纯洁的包装设计手法

当今市场竞争日益激烈，包装已成为商品与顾客最接近的一种广告形式。它比远离商品本身的其他广告媒介更具有亲切感和亲和力，因此它在销售环节中的地位日趋重要。在色彩处理时是否能产生较高的明视度，并对文字有很好的衬托作用，更是设计的重中之重。如苹果产品的包装形象已经成为国际语言，其清晰、纯洁的白色产生了强烈的广告效果，同时又表现出产品的性能（见图 3-23）。此外，除单个包装的效果外，还应思考多个包装的叠放效果如何。

图 3-23　苹果产品的包装编排设计

（三）强调色彩的包装编排设计手法

在商品包装编排设计的诸多元素中，色彩的视觉冲击力最强，在具体设计中，各种色彩的运用可以激发起人们心理和情感上的不同感受，直接影响对一种产品的最初印象，从而产生喜欢或者厌恶的感觉。据心理学研究，在进行食品类包装设计的时候，要尽量采用橙色、橘红色以及黄色等色彩。因为这类色彩容易刺激人们的食欲，促使其购买。

包装色彩能否在竞争商品中有清楚的识别性，是色彩配色中的首要问题，因为人对色彩的注意力占据人视觉注意力的80%左右。现代人几乎每天都要与各类商品打交道，追求时尚、体验消费已成为一种文化。因此，在饮料包装设计的色彩运用中，应顺应时代潮流，不断变化创新形式，塑造个性。有时还可以反其道而行，使用反常规色彩，让其产品的色彩从同类商品中脱颖而出，这种色彩的处理使观众视觉格外敏感，印象更深刻，如图 3-24 所示。

图 3-24 饮料包装的色彩应用

另外，对于一些清洁卫生用品，人们更愿意购买那种以蓝色、绿色为主的冷色调的外包装设计，这种色彩能给人一种洁净、清爽的视觉感受（见图 3-25）。

图 3-25 妮维雅产品包装

三、包装编排设计应用范例

对于彰显品质的酒品包装设计，可以在色彩上进行考虑。如图 3-26 所示，该酒瓶设计中选用了红色和黑色两种颜色，红色带来一种美好的感受，而黑色却让产品显得更加稳重和高级。将酒瓶置于画面视觉中心位置，修长的瓶身使视线形成由上至下的视觉流程，给人带来高贵的品质感。

图 3-26　彰显品质的酒品包装设计

图 3-26 具有如下特点：

① 垂直的酒瓶形象。将放大的酒瓶形象垂直放置于版面中心位置，给人以高贵感，而包装中黑色的添加增强了酒瓶的沉稳气息。

② 诱人的红色。色调酒瓶以充满诱惑力的红色作为基准色，透明的瓶身透出酒的色彩，直观地传达了产品的本质特点。

③ 呼应色彩的文字。在文字部分使用了与酒的色彩相呼应的红色，同时字体的竖直排放让瓶贴与瓶身融合在一起，使设计整体感更强烈。

④ 凹凸的文字。设计采用凹凸的文字设计，赋予文字一定的质感，同时还提升整个包装设计的品位，使酒瓶的手感更好。

第四章　包装设计的空间视觉语言

包装设计的空间视觉语言，主要包括包装材料的选择、包装结构的设计艺术以及包装容器设计的形式美法则。本章便针对这几个方面展开论述。

第一节　包装材料的选择

一、纸包装材料的选择

纸包装材料是包装行业中应用最为广泛的一种材料，它易加工、成本低、适合大批量机械化生产，而且成型性和折叠性好，材料本身也适于精美印刷。

纸包装材料的种类有纸和纸板两大类。

（一）纸

1. 牛皮纸

牛皮纸主要是以硫酸盐纸浆制作而成，成本低、强度高、纤维粗、透气性好，多用于制作购物袋、纸包装袋、食品包装、公文袋等，也被用作制造瓦楞纸时的表层面纸，如图 4-1 所示。

2. 蜡纸

蜡纸是结合涂蜡技术制成的、耐水性强、有一定强度的纸张，主要用于制作内包装，如食品、水果、糕点、纺织品以及日用品的隔离保护包装材料（见图 4-2）。

图 4-1 牛皮纸材料的包装

图 4-2 蜡纸包装

3. 漂白纸和玻璃纸

漂白纸是采用软、硬木混合纸浆，用硫酸盐或亚硫酸盐工艺生产，具有较高的强度，纸质白而精细，光滑度好，适于现代印刷工艺，常被用作包装纸、标签、瓶贴等。

玻璃纸以天然纤维素为原料，可以制成涂漆、涂蜡、涂布等不同品种。其特点为表面平滑、透明度好、密度大、抗拉力强、伸缩度小、适于印刷、抗湿防油性好，主要用于食品的包装。

（二）纸板

纸板的制造原料与纸基本相同，由于其强度大，易折叠、加工，因此纸板成为产品包装纸盒的主要生产用纸。纸板的种类有许多，厚度一般为 0.3 ～ 1mm。

1. 牛皮纸板与马尼拉纸板

用硫酸盐纸浆抄制而成。一面挂牛皮浆的称为单面牛皮纸板，两面挂牛皮浆的称为双面牛皮纸板。主要用作瓦楞纸板面纸的称为牛皮箱纸板，其强度大大高于普通面纸纸板。另外，还可结合耐水树脂制成耐水牛皮纸板，多用于制作饮料的集合包装盒。

由化学浆配木浆制成的浅黄色纸板，用白垩粉与淀粉混合涂布的就称为涂布马尼拉纸板。

2. 白纸板与黄纸板

白纸板以化学浆配废纸浆制成，有普通白纸板、挂面白纸板、牛皮浆挂面白纸板等。还有一种完全用化学浆抄制成的白卡纸，又称高级白纸板。

黄纸板指以稻草为主要原料、用石灰法生产的纸浆制成的低级纸板，主要用于制作粘贴于纸盒内起固定作用的盒心。

3. 复合加工纸板

复合加工纸板指采用复合铝箔、聚乙烯、防油纸、蜡等材料复合加工而成的纸板。它弥补了普通纸板的不足，具有防油、防水、保鲜等多种新的功能。

4. 瓦楞纸板

瓦楞纸板主要由两个平行的平面纸页作为外面纸和内面纸，中间夹着通过瓦楞辊加工成的波形瓦楞芯纸，各个纸页由涂到瓦楞楞峰的黏合剂黏合在一起。瓦楞纸板主要用于制作外包装箱，用以在流通环节中保护商品，也有较细的瓦楞纸可以用作商品的销售包装材料或商品纸板包装的内衬，起到加固和保护商品的作用，见图 4-3 所示。

图 4-3　瓦楞纸板包装

瓦楞纸板的种类很多，有单面瓦楞纸板、双面瓦楞纸板、双层及多层瓦楞纸板等。

瓦楞的楞形（瓦楞的形状）可分为 V 形、U 形和 UV 形三种。V 形的波形转折圆弧半径较小，抗压性较好，但超过折压极限后很容易被破坏，缓冲性较差，而且黏合涂面小，不易黏合；U 形的波形转折圆弧半径较大，纸板富有弹性，吸附冲击能力强，缓冲性好，黏合剂涂面大，易于黏合，但抗压力性较弱；UV 形结合了 V 形和 U 形两种楞形的优点，圆弧半径大于 V 形而小于 U 形，是目前应用最为广泛的一种瓦楞纸板。

二、塑料包装材料的选择

（一）塑料薄膜包装材料

塑料薄膜以其透明、柔软、弹性好、防潮、防水、耐腐蚀、耐油脂、耐热、耐寒、强度高、重量轻、化学稳定性强、耐污染、耐药剂、卫生、安全、易热合、易着色印刷、适于做密封真空包装而受到各行各业的青睐，应用范围在逐年扩大。塑料薄膜包装材料主要有以下几个类别。

1. 聚乙烯薄膜（PE）

聚乙烯是塑料工业中生产最多的品种之一。根据乙烯单体在聚合时的加压条件，可生产出高压聚乙烯、中压聚乙烯和低压聚乙烯三种。在国外有的按照聚乙烯各自的比重分为三种：低密度聚乙烯（LDPE）；中密度聚乙烯（MDPE）；高密度聚乙烯（HDPE）。

2. 聚丙烯薄膜（PP）

聚丙烯薄膜在包装领域中应用范围很广，特别是食品包装、药品包装、服装包装方面尤为适用，还能和其他包装材料复合，成为多功能的包装材料。聚丙烯薄膜的特点是透明度好，其透明度超过聚乙烯薄膜和玻璃纸，而且光泽耀眼，不发黄，抗脆裂、抗老化好，防潮性能好，并有良好的耐油脂性、抗冲击性及尺寸稳定性。

3. 聚氯乙烯薄膜（PC）

聚氯乙烯产量大，原料来源广，价格低；它是包装工业用途较大的薄膜，可以制成单向或双向热收缩薄膜，进行收缩包装，如器件、小五金包装。

聚氯乙烯薄膜防潮性好，透明度高，耐油耐酸碱，化学稳定性好；热合性较好，强度大，印刷方便而且美观。

4. 聚酯薄膜（PT）

聚酯薄膜主要用作复合材料的表面层，如蒸煮袋等包装容器，并广泛应用于胶卷、录音带和电影胶片的包装。聚酯薄膜耐高低温，可适用于150℃的温度范围，化学稳定性好，适合各种有机溶剂、油类和化学药品包装；保香性能好，延伸性能差，挺硬和尺寸稳定性一般，印刷效果好，有良好的透明度和光泽。

5. 聚苯乙烯薄膜（PS）

聚苯乙烯薄膜在开窗肉类和蔬菜等食品包装方面广泛应用。其特性是吸水率低，室内耐老化性能好，有良好的透明性和光泽，印刷性能好；它的机械强度取决于生产加工时的定向程度。它的抗张强度和破裂强度都比较高，在低温和高湿度环境中，其性能无明显影响。此薄膜互相黏合时需用溶剂和黏合剂。

6. 聚酰胺薄膜（PA）

聚酰胺薄膜多用于复合材料；它的特性是耐高温，具有较高的抗张强度和良好的抗冲击韧性，气密性好，耐磨性、热封性好；抗水蒸气渗透性能较差。

7. 复合薄膜

复合薄膜就是把两种以上的薄膜复合在一起，使之互相取长补短成为一种完美的包装材料。如把塑料薄膜、铝箔、纸等具有不同功能的材料复合起来，改变原来材料的透气、透湿、耐水、耐油、耐化学品等性能，使其增强和发挥各自材料的固有特点，以满足各类产品的不同包装要求。[①] 薄膜复合材料的厚度、层数和用料应按包装产品的实际需要而定。

复合薄膜主要用于食品、茶叶、土特产及肉类等方面的包装，也可以作为防潮要求较高的精密元器件、军品备用件等工业产品的内包装。

（二）泡沫塑料缓冲材料

泡沫塑料缓冲材料是一种使商品不直接受外力的冲击，减缓或吸收外力能量借以达到保护商品的材料。[②] 泡沫塑料为蜂窝状的结构，它成型容易、质轻、密度小、耐冲击、耐化学、隔热性好，温度变化小、成本低、加工运输方便。

泡沫塑料缓冲材料主要有以下几个类别。

1. 聚苯乙烯泡沫塑料

聚苯乙烯泡沫塑料利用聚苯乙烯为原料发泡制成的一种半硬质的泡沫塑料，具有封闭式的泡沫粒状结构，是一种白色透明的材料，但可以加添适当色料，制成各种颜色的泡沫塑料。

① 目前，世界上复合薄膜的种类很多，有的复合达十几层，一般为 2 ~ 5 层。

② 早期的缓冲材料如木丝、稻草、麦杆、毛毡、纸花等，虽然也能起到一定的缓冲作用，但效果不明显，而且存在易吸潮、易霉变等多种弊端，现已逐渐被淘汰。而弹簧等金属材料，尽管具备弹性好、不吸水、不受温度变化影响等优点，但受料源、价格及加工工艺等方面的限制，用量也在逐步减少。

聚苯乙烯泡沫塑料能吸收动能，起到良好的缓冲作用；具有重量轻、抗潮性能好、隔音、隔热、易于模塑成型、耐酸碱等，但受日光照射易变色老化。聚苯乙烯泡沫塑料具有良好的缓冲性能，而且成本低，易于加工，料源丰富，所以应用十分普遍。该材料可作家用电器、仪表仪器及电子元器件的减震垫、防震套或内包装盒。

2. 聚乙烯泡沫塑料

聚乙烯泡沫塑料是一种半硬质泡沫塑料，该材料定型后具有良好的热稳定性，透湿率低，耐老化好，有较高的化学稳定性，优良的二次加工性能，不腐蚀被包装产品等优点，可用一般机械进行切断、切削等。

3. 聚丙烯泡沫塑料

聚丙烯泡沫塑料柔韧性好，耐挤压、耐冲击、耐折、耐磨、耐撕裂性能好，能包裹锋利棱角物品和不规则形体的产品，不易撕裂、折断和破碎，隔热性好，无毒，可作为玻璃器皿、仪器仪表的包装材料，尤其对产品表面装饰和光洁度要求高的电视机、收音机来说，更是极好的包装材料。

4. 聚氨酯泡沫塑料

聚氨酯泡沫塑料可分为硬质、半硬质和软质三种。聚氨酯泡沫塑料比重小，弹性好，压缩变形小，抗冲击，抗撕裂，具有抗辐射能力，耐磨、耐油、耐氧化，绝缘性和耐热性能也较好，在 130℃时仍可使用。

5. 聚氨基甲酸酯泡沫塑料

聚氨基甲酸酯泡沫塑料的硬度变化大，根据硬度可分为有弹性、半弹性和刚性三种，导热率低，抗拉与抗压强度高，蒸汽渗透力低，抗拉锨压强度低，导热率低，稳定；该材料可用于精密仪器的包装，以及对温度限制极严的医药及生物制剂的包装等。

6. 聚苯乙烯、聚乙烯高发泡片网材

聚苯乙烯（PS）、聚乙烯（PE）是新型的包装材料。PS、PE高发泡N-网材等产品，除白色外还可以制成各种颜色的片材。弹性好、价格低、质轻，柔软、绕性好，是隔热、吸音、漂浮、绝缘包装的好材料，特别是作为精密仪器、家用电器、通信产品的缓冲垫片更为理想。PE网材还可以直接用于灯泡、灯管、电子元器件等的内衬防震和外部防护。

7. 气泡塑料薄膜

气泡塑料薄膜是一种新的缓冲材料，它采用特殊的加工方法，在两层塑料薄膜之间藏夹空气，在其中一面形成一个个气泡，基材一般采用聚乙烯薄膜，基层面薄膜的厚度为形成突出气泡薄膜厚度的两倍。气泡的形状分为圆球形、半球形和钟罩形。

8. 海绵橡胶防震

海绵橡胶是以天然胶和再生胶为主要原料，配以一定数量的辅助材料，并加入促进剂、发泡剂、防老化剂后成型的一种多孔状橡胶制品。这种橡胶具有承重能力强、弹性好、防潮隔热等特点，并能在60℃～300℃的环境中，保持原来特性，2～3年内不老化不变形。海绵橡胶垫块是大、中型机电产品（重量在300kg以上）良好的包装防震材料。塑料包装容器包装的成型方法主要有下列几种：挤塑、注塑和吹塑。

三、玻璃包装材料的选择

（一）玻璃成分类型划分

玻璃按照成分可分为以下几种：

（1）钠玻璃

适用于制作经济型大批量生产的玻璃制品，如平板玻璃、玻璃瓶、食品罐、灯泡等；

（2）铅玻璃

具有透明晶亮的特点，主要用于制作高级玻璃制品、酒瓶、工艺品、光学玻璃等；

（3）硼矽玻璃

具有低膨胀性和耐高温的特点，主要用于耐高温玻璃容器的制造。

（二）玻璃容器的成型方式划分

玻璃容器的成型方式按照制作方法可以分为人工吹制、机械吹制和挤压成型三种。

（1）人工吹制

传统的手工制造方式，使用长的真空吹管用嘴吹制，现在主要用于制作形状复杂的工艺品；

（2）机械吹制

用机器进行的大规模生产，主要用于制造形状固定、要求标准、生产批量大的玻璃容器，像啤酒瓶和标准制式的玻璃容器大都是采用机器成型法吹制的；

（3）挤压成型

将玻璃原料熔化，注入模具中挤压而成的，模具表面的光泽度和肌理会直接反映在玻璃表面上，用这种方法生产的玻璃容器价格低、产量高、外形美观，但是壁体较厚，如图 4-4 所示。

图 4-4　玻璃包装

四、金属包装材料的选择

金属包装材料主要是指把金属压延成薄片，制成容器用于商品包装的一种材料。金属容器从只具备暂时存放物品的功能，演变到今天的密闭容器，成为长期保鲜的容器，使我们的生活发生重大的变化。

金属资源丰富、品种多，包装的可靠性强。[①] 金属包装材料的研究在包装材料学中占有重要的地位。

金属包装材料由于既具有较强的刚性、可塑性，又牢固、抗压、不碎、不透气、防潮，所以能够为保护商品提供良好的条件，并长时间保持商品的质量，一些金属罐生产历史悠久，加工工艺比较成熟，能连续化、自动化生产；金属包装材料具有特殊的金属光泽，也易于印刷装饰，这样可使商品外表华贵富丽，美观适销。但也有一些缺点，比如污染食品，影响食品口感和质量等。

在金属材质的包装上反映相关信息的方法包括纸贴印刷、直接印刷（个别金属材料需要一定的底面处理）等。

（一）马口铁皮包装材料

马口铁皮又称镀锡薄钢板、镀锡板，是两面镀有低碳的薄钢板。马口铁即镀锡的铁皮，表面光泽持久不变，具有不易生锈、牢固、耐压、不易碎、不透气、防潮等特性，便于印刷各种精美的图形、文字，多用于包装高级饼干、咖啡、巧克力、茶叶和奶粉等商品，如图 4-5 所示。

① 目前，金属包装材料在我国、日本和欧盟等国占第三位，在美国占第二位。

图 4-5　马口铁皮包装

以热浸工艺镀锡的称热浸镀锡板；以电镀工艺镀锡的称镀锡板；施涂涂料的电镀锡板称为涂料镀锡板（涂料铁）；未涂涂料的电镀锡板称为电素铁。下面主要论述镀锡板和涂料镀锡板。

1. 镀锡板

镀锡板抗腐蚀性能强，有一定的强度和硬度，锡层无毒无味，表面光亮，印制图画可以美化商品。主要用于食品罐头工业，其次用于化工油漆、油类、医药等包装材料（见图 4-6）。

图 4-6　镀锡板包装的油漆

2. 涂料镀锡板

涂料镀锡板又称涂料铁，罐内涂一层涂料可保证食品质量和延长罐头的保存期。罐外涂印涂料称为印铁涂料，既可防止锈蚀，又可把商标印刷在罐头外壁上美化和宣传商品。

（二）铝及铝箔包装材料

铝具有延展性、不生锈、光亮度持久等特点，可以直接印刷，铝合金材料可以制作罐及杯盖等，也可用作易拉罐、各种饮料、食品等包装。铝箔纸防潮、防紫外线、耐高温，有保持商品原汁原味的阻气效果，可延长商品的保质期。铝箔纸多用于包装茶叶（见图 4-7）、药品的包装，可制成“复合材料”，广泛应用于新型包装。

图 4-7　铝箔纸包装的茶叶

但是铝材也存在着诸多缺点，比如，造价偏高；制罐机械不能利用磁铁吸取材料；材质地较软；耐腐蚀性较差，不宜用于盛装酸性、碱性及含盐多的食品……这些缺点可以通过与其他材料复合来弥补，制成复合包装材料。

（三）低碳薄钢板包装材料

低碳钢是指含碳量小于 0.25％的铁碳合金，用低碳钢制作的薄钢板则称为低碳薄钢板。

我国用于制作包装容器的低碳薄钢板有普通碳素结构钢低碳薄钢板和优质碳素结构钢低碳薄钢板。[①]

低碳薄钢板的优点体现在以下几个方面：焊接性能好；在温度低的条件下轧制时将产生冷却硬化现象，一般要求退火处

① 金属包装的机械性能要求不高且不需要经受深冲压时可选用普通碳素结构钢低碳薄钢板，钢号有 A2、AY2、A3、AY3 等。金属包装容器的机械性能要求较高时可选用优质碳素结构钢低碳薄钢板，钢号有 08、10 等。

理；含碳量影响薄钢板的焊接性能和塑性变形能力，随着钢中含碳量的增加，钢的强度增高，塑性下降；硅含量增大，钢的强度增高，但镀锡铁皮的耐蚀性能下降；锰是提高钢的强度和硬度的元素，硫、磷是钢中的有害元素，会引起钢的热脆性，但磷可提高其强度和硬度。

（四）非镀锡薄钢板包装材料

1. 镀铬薄钢板

镀铬薄钢板又称铬系无锡钢板，简称镀铬板，即 TFS 板。镀铬板的价格约比镀锡板低 10%，它是目前制作食品罐的材料中价格最低的，但是它的耐蚀性还是不如镀锡板，主要用于腐蚀性较小的啤酒罐、饮料罐以及食品罐的底盖等，接缝处需采用熔接法和黏合法接合。

镀铬板的性能体现在：耐蚀性①，对有机涂料的附着性②，机械性能③，焊接性能④。

2. 镀锌薄钢板

镀锌薄钢板简称镀锌板，俗称白铁皮，它是在低碳薄钢板上镀上一层 0.02mm 以上的锌作为防护层，钢板的防腐蚀能力因而大大提高。依生产方法镀锌板主要分为热镀锌板⑤和电镀

---

① 镀铬钢板对强酸强碱的抗腐蚀性能虽比镀锡板差些，但对柠檬酸、乳酸、醋酸等弱酸弱碱能起到很好的抗蚀性作用。当镀铬板罐内壁施涂涂料后，对肉类、鱼类和部分蔬菜中硫化物导致的硫化腐蚀能力比镀锡钢罐还强。

② 镀铬板对各种有机涂料的附着力比镀锡钢板普遍增加 3 ~ 6 倍，宜制造罐底盖和两片拉伸罐，美国 90% 以上的两片钢罐采用镀铬板。镀铬板涂料烘烤时，可采用更高的烘烤温度提高涂印的生产率。

③ 由于铬层较薄且韧性差，冲拔加工时表面易损伤，铬层会破裂，不能用通常的双重卷边法加工空罐。在罐头封口时，封口部分涂层易裂或擦伤并导致生锈，需加补涂。

④ 罐身接缝不能采用锡焊法，制作三片罐时要采用缝焊法或黏合剂黏接法。因此，镀铬板应用于三片罐时的数量主要取决于制罐工业配置缝焊设备的多少或黏合技术掌握的情况。目前两片拉伸罐采用镀铬板的数量逐年增加。

⑤ 热镀锌板是使钢板通过熔融锌液而镀锌，其镀锌层较厚，通常镀锌层厚的钢板防腐蚀力强，但锌的镀层过厚会影响焊接接头的强度。

锌板[1]。

3. 镀铝薄钢板

镀铝薄钢板是作为马口铁代用品而开发的新型包装材料。它价格低廉、抵抗大气腐蚀的性能强、外表美观，适用于包装固体物品。

镀铝钢不能用锡焊，可用熔接或黏接的方法制罐。

有些食品对铝的腐蚀性比镀锡板强，一般包装非固体物品的镀铝钢要经过瓷漆涂敷并事先经过试验。

五、天然包装材料的选择

天然包装材料主要包括贝壳、葫芦、竹筒和竹、木、藤、棕、草、柳、麻、棉等的编织品及麻、棉等的纤维，无毒、无污染，又具有可以反复使用、多用、通用等特点。贝壳可直接装护肤品，葫芦可以装酒，竹筒可以装食品等。编制的篮、篓、筐及麻袋、布袋还有木桶等可以作为农副产品、土特产品的礼品包装。

（一）木材

木材是一种天然的包装材料，稍作加工即可使用。木材通常分为硬木[2]和软木[3]两种，木材在包装中通常的用法是制成木箱、木盒。

木材加工较简单，不用大型机械设备，材料容易获得，价格较低，可反复使用，强度大，可用作大型货物的包装，可依商品的内容自由做成所需容积和形状，耐冲击，而且韧性优良，

---

① 电镀锌板锌层较薄，主要作涂料的底层。包装工业上，热镀锌板是应用较多的一种金属包装材料，用它制造各种较大容量的桶和特殊用途的容器。因其耐腐蚀性和密封性良好，可用于包装粉状、浆状和液状商品。

② 冬季落叶的阔叶树如枫树、橡树、胡桃树等树种，材质一般较硬，属硬木类，纹理漂亮而多变化，较能承受弯曲，价格略高。

③ 冬季不落叶的针叶树如东北红松、马尾松、云杉等树种，属软木类，材质一般较软，纹理单一，用常规工具易于加工，价格低廉。

现在尚未有可取代木材的包装材料（见图48）。

但是木材的重量大于瓦楞纸箱，运输成本较高，木材材质不均匀，会引起强度不均匀，木材一定会含有若干水分，对内容商品有不良影响，干燥后会收缩而变形。

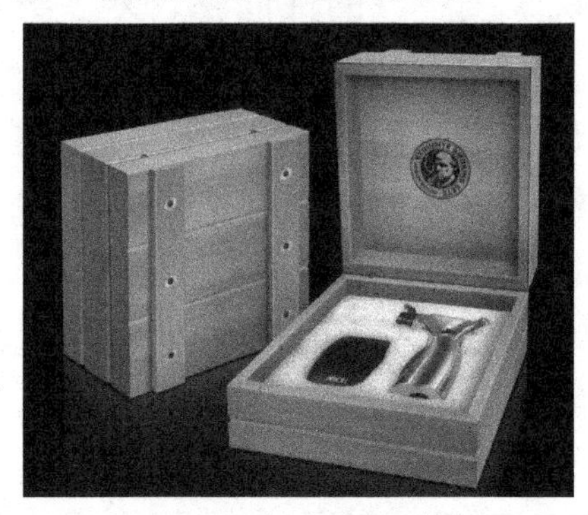

图 4-8 木材包装

（二）皮革材料

皮革是经脱毛和鞣制等物理、化学加工所得到的已经变形、不易腐烂的动物皮。革是由天然蛋白质纤维紧密编织构成的，其表面有一种特殊的粒面层，具有自然的粒纹和光泽，手感舒适，如图 4-9 所示。

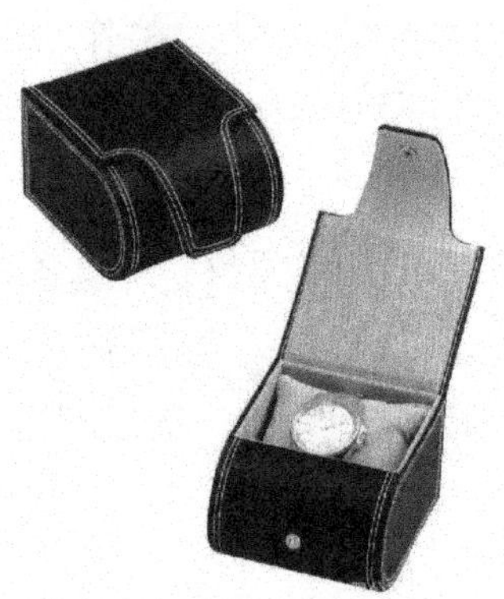

图 4-9 皮革包装

（三）竹材

竹制品是指以竹子为原料加工制造的产品，多为日用品，如筷子、筷笼、砧板、凉席、茶杯垫、窗帘等，近年来还比较流行竹地板和竹家具等，还有一些价值较高的如竹雕等工艺品。竹炭产品目前也很有前景。竹制品造型别致、雕刻细腻、色泽光亮、花色品种多样，行销国内，为传统的地方工艺品，深受游客欢迎。而竹子作为包装材料的应用也日益广泛，如图4-10所示。

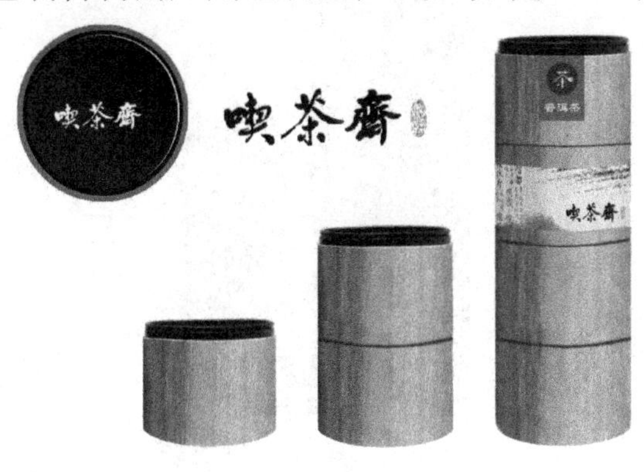

图4-10　竹材包装

（四）藤条材料

天然编织材料，也叫“藤蔑”，是一种质地坚韧、身条极长的藤本植物。藤条外皮色泽光润，手感平滑，弹性极佳，常用来编制藤椅、藤箱等日常用具。

六、复合材料

复合材料采用把几种不同的材料进行特殊加工的工艺，把具有不同特性的材料的优点结合在一起，形成一种完美的包装材料。在制作容器材料时，复合使用塑料膜、铝箔、牛皮纸等材料，可以减轻容器重量、降低价格，空罐也更易回收处理，这些材料多用于制造一些液态或粉状的家庭日用品和食品的包装。

复合材料的种类很多，如玻璃与塑料复合，塑料与塑料复合，铝箔与塑料复合，铝箔、塑料与玻璃纸复合，不同纸张与塑料复合等。复合材料包装具有优秀的保护性能，又有良好的印刷与封闭性能，如图 4-11 的洋酒包装，玻璃、金属以及新型复合材料完美组合。

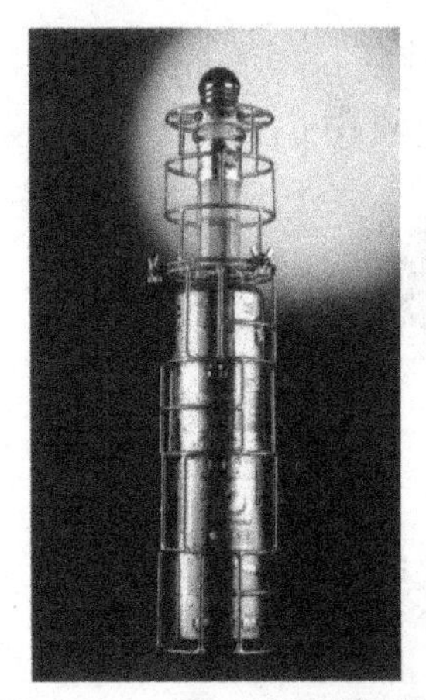

图 4-11　复合材料包装

七、新型环保材料

新型环保材料是为缓解白色污染而研制的最新材料，也代表了今后包装材料的主要发展方向。比如，侦菌薄膜[①]、秸秆容器[②]、玉米塑料[③]、小麦塑料[④]、油菜塑料[⑤]和 CT 塑料[⑥]。

① 在普通食品包装薄膜表面涂覆一层特殊涂层，使其具有鉴别食物是否新鲜、有害细菌含量是否超出食品卫生标准的功能。

② 这是利用废弃农作物秸秆等天然植物纤维，添加符合食品包装材料卫生标准的安全、无毒成型剂，经独特工艺和成型方法制造的、可完全降解的绿色环保产品。该产品耐油、耐热、耐酸碱，耐冷冻，价格低于纸制品。这种新型材料不仅杜绝了白色污染，也为秸秆的综合利用提供了一条有效途径。

③ 玉米塑料是一种易于分解的玉米塑料包装材料，是将玉米粉掺入聚乙烯后制成的。它能在水中迅速溶解，可避免污染源和病毒的接触侵袭。

④ 小麦塑料是小麦粉添加甘油、甘醇、聚硅油等混合而成。它是一种半透明的热可塑性塑料薄膜，能由微生物加以分解。

⑤ 从制作生物聚合物的细菌中提取三种能产生塑料的基因，再转移到油菜的植株中，经过一段时间便产生一种塑料性聚合物液，再经提炼加工便可成为油菜塑料。这种材料弃后能自行分解，没有污染残留物。

⑥ 它是在聚丙乙烯塑料中加入大约一半比例的滑石粉而制成的新型复合材料。它不仅耐高温，功能相当于泡沫塑料制品，而且体积是后者的 1/3。CT 材料缓解了因体积庞大而产生的运输、储存、回收等问题。

除以上介绍的几种包装材料以外，包装中还经常使用各种各样的辅助材料，以起到固定商品和增强保护性的作用。如发泡聚苯乙烯，常被用于制作仪器、家电、玻璃容器等产品的包装内胎和衬垫；低密度的发泡粒状聚苯乙烯，常被用于制作机械设备、工艺品、灯具、陶瓷品等包装的缓冲填充物；此外，还有发泡聚乙烯“气泡纸”、海绵、热熔黏着剂等包装辅助材料。

第二节　包装结构的设计艺术

一、袋式包装的结构设计

袋式包装具有便利性、经济性、审美性和传播性的显著特点。因为其成本较为低廉，利于回收再利用，还具备流动广告的特点，所以深受设计者和消费者的喜爱。

袋式包装的类型从包装袋的造型结构可分为手提袋、信封袋、密封袋、扣结袋和拉锁袋等。以包装袋的材料来分包括纸袋、布袋、塑料袋等。

（一）纸袋包装

纸袋在包装领域中占据了很重要的地位，纸质材料质轻价廉，适合大规模机器化生产，易于成型和折叠，能较好地保护内装物品。因此，纸袋长久以来一直受到人们的青睐。

纸袋是以纸制作而成的袋状软性容器，大多采用黏合与折叠结构，一般是三边封口，一端开口。它有多种形式，如手提式、信封式、筒式、折叠式等。目前，纸袋多适用于纺织品、衣帽、小食品、小商品等包装。

手提袋是一种最为常见的折叠纸袋，可附棉线编制提手或尼龙绳带，袋的底部成方形。纸袋撑开后可直立放置，不用时则折成平板状。它成型简单，节省空间，纸张利用率高，因此适于大批量生产，是众多商品普遍采用的包装形式，如图 4-12 所示。

图 4-12　纸质手提袋

信封袋的两侧为平折结构，袋口采用插入式封口。此袋结构简单，使用方便，节省材料，经常被应用于办公用品的包装形式。

（二）布袋包装

在环保意识日益强烈的今天，布袋因可重复使用而被许多国家的消费者所接受。布袋是用棉布制成的袋，其布面较粗糙，手感较硬，但耐摩擦，主要用于装粮食和粉状商品，在我国古代被用来装中药。

附把手布袋在我国是使用时间最早、普及面最广的布袋样式，民间手缝布袋大多采用这种造型。它结实耐用，深受广大消费者的喜爱。布袋具有透气、柔韧、容易分解、无刺激无毒等特点。

而无纺布袋是以聚丙烯树脂为主要生产原料，易于回收分解和重复使用，用于取代传统纸袋和塑料袋，适合于各行各业（见图 4-13），被消费者公认为具有环保作用的绿色包装产品。

图 4-13　无纺布袋

（三）塑料袋包装

塑料袋具有防潮、韧性好、轻便、实用、价格低廉和储存方便等特点。但是，塑料长期使用易于老化，有些塑料还带有异味；有些塑料不易回收、不易被降解，一次性塑料袋的使用造成的废弃物对环境的污染极为严重，因此我国和其他很多国家的超市都鼓励消费者采用能多次使用的购物袋。[①] 塑料包装袋按结构特征可分为开口袋和密封袋两大类。开口袋又分为背心袋、手孔袋、马甲袋等；密封袋按成型方式有两边、三边、四边及枕形封口袋。

背心袋是使用量最大的塑料袋。由于背心袋易于加工，便于成型，价格低廉，是目前许多集贸市场主要提供的包装袋，但是不利于回收和降解，易造成环境污染。

手孔袋的使用也极为普遍，它与背心袋不同的是提手与袋身一体，冲孔成型。

密封装是上下两边封口，两侧折叠，易于保存商品的气密性，使商品不和外界空气接触。因此密封装多用于包装粉末状商品。平边封合袋是上边封口，因加工方便，使用范围非常广泛，适合包装食品、化学制剂和农药等。

二、盒式包装的结构设计

盒式包装的类型盒式包装的造型通常是规则的几何形状立方体，也可以制作成圆形、五角形等其他异性盒，有开闭装置。常用于制作盒式包装的材料有纸板、塑料、竹、木、金属板、复合材料等。根据材料的不同，可分为纸包装盒、塑料包装盒、木质包装盒、金属包装盒等。

纸盒包装是应用最为广泛的一类盒式包装，它具有保护商品的良好性能。纸盒包装通过切割、折叠、贴接、卡接等方法成型。

① 郭振山．视觉传达设计原理[M]．北京：机械工业出版社，2011.

包装外观以黑白或彩色印刷为主，可采用多种现代印刷工艺，在商品销售包装中的应用前景十分广泛。

纸盒包装造型主要采用外部造型和内部造型两种不同的造型方法来创造新的结构形态。

（一）外部造型法

外部造型法主要有以下五种方式，即改变包装三围尺寸、改变包装放置方式、增减包装展示面、改变包装组合形态和模拟形态的包装。

对于粉状、粒状、膏状、液态状等可变性强的商品，可运用改变包装三维尺寸的方法，塑造新颖的包装造型形态。

有些商品可以直立放置，有些可以平放、斜放或倒置。通过改变商品包装的放置方式就可以改变包装的造型，从而形成独特的纸盒形态。

在包装功能和包装形态允许的情况下，可采用增减纸盒展示面的造型法来设计丰富的盒型，如长方形展示面的三楞形、四楞形、五楞形、六楞形、八楞形等多种不同的纸盒造型；三角形展示面的三锥形盒、四锥形盒、六锥形盒，直至圆锥形盒。

改变包装组合形态的造型法主要通过对包装结构的再设计而使原来独立形态的小单元包装连接在一起，从而使整体包装造型发生形态的改变。

模拟形态指结合商品的自然特色在总体或局部的立体和平面的形态中，模仿生物原型的造型、结构、色彩、装饰、功能、表面肌理等，使包装具有典型的物象特征和亲近自然的直观视觉感受。

（二）内部造型法

纸盒包装不仅需要设计外部的造型，包装开启后展示的内部造型更需要得到重视，这是为了给消费者留下内外一致的商品品质感。内部造型一般有以下几种方式。

① 利用盒面的延伸部分，通过结构形态设计将其折叠，并与盒面一次印刷成整体一致的商品包装视觉形象，这种延伸结构可起到固定商品的作用。

② 在包装内部放置设计成型的内衬结构和间隔固定结构，增加包装内部造型结构的层次感，力求包装的实用功能与审美功能的完美结合，特别适于系列商品的包装。

③ 对于像糕点之类的食品可以采用大包装内组合小包装的形式来改变内部造型，使包装内部具有丰富层次的包装形态。

三、瓶罐式包装的结构设计

由于受到材料与生产工艺方式的制约，瓶罐式包装相对于袋式包装和盒式包装，在设计上具有不同的要求。

瓶罐式包装是内装液体、颗粒、粉状、片状、糊状物品等不可或缺的主要容器。瓶式包装一般是由瓶口、瓶颈、瓶肩、瓶身、瓶跟、瓶底等部分构成；而罐式包装则由口、罐肩、罐身、罐底等部分构成。

瓶罐式包装容器的类型从材料、造型、功能等不同角度，瓶罐式包装主要分为以下几类。从生产制造瓶罐式包装的材料来分主要有玻璃瓶罐、陶瓷瓶罐、塑料瓶罐、金属罐以及竹木罐等包装容器。相对于袋式、纸盒、纸箱等包装容器，瓶罐式包装容器也可概括统称为硬质包装；从其口径和造型来分主要有小口瓶、大口瓶、广口瓶、长颈瓶、短颈瓶、肩盖瓶等包装容器。

瓶罐式包装容器造型的基本方法容器立体造型的具体方法有几何形造型法、三视图造型法、容器部位分段造型法、相似形渐变造型法、装饰造型法、模拟自然形态造型法等。

（一）几何形造型法

几何形造型法是以三角形、圆形、正方形为基本形，运用分割和组合的设计方法，塑造更多形态各异的器物造型。因此这种造型方法也称为基本形造型法。几何造型作为一种造型思维方法，可以塑造出简洁、美观、环保、实用的包装容器。

（二）三视图造型法

三视图造型法是通过对容器的平视图、俯视图与侧视图进行改变，形成新造型的一类造型思维和设计方法。可以在已有容器造型的基础上，也可以在新设计的容器基础上，通过改变其中一个或几个视图的形态而产生较大的造型变化。

（三）分段造型法

分段造型法指对容器的各个组成部位进行造型设计的方法。一般情况下，瓶罐式包装容器可以进行造型设计的部位有盖部、口部、颈部、肩部、胸部、腹部、足部、底部。

（四）装饰造型法

装饰造型法是采用装饰元素丰富容器的平面形态，加强容器立体形态的装饰美感的一种造型方法，既可以运用附加不同材料的配件或镶嵌不同材料的装饰，使整体形成一定的对比，还可以通过在容器表面进行浮雕、镂空、刻画等装饰手法，使容器表面更加丰富。采用这种造型方法，在设计中要特别注意符合模具生产的工艺要求。

（五）相似形渐变造型法

相似形渐变造型法是最实用和行之有效的设计方法，能够很好地解决系列化包装容器造型中的整体视觉形象和个性化差异特色。具体造型方法可采用等距离或数列渐变距离，进而采取渐变造型的方法，有序地设计演变出多种相近似的不同容器造型。

第三节　包装容器设计的形式美法则

一、比例与尺度

（一）比例

比例是部分与部分或部分与全体之间的数量关系。常见的比例形式有黄金比例、调和数列、等差数列、平方根、斐波那契数列、贝尔数列、等比数列。

1. 黄金比例

黄金比例又称黄金分割，将一个线段分割成 a（长段）、b（短段）时，（a+b）/ a=a / b=1.618，如图 4-14 所示。

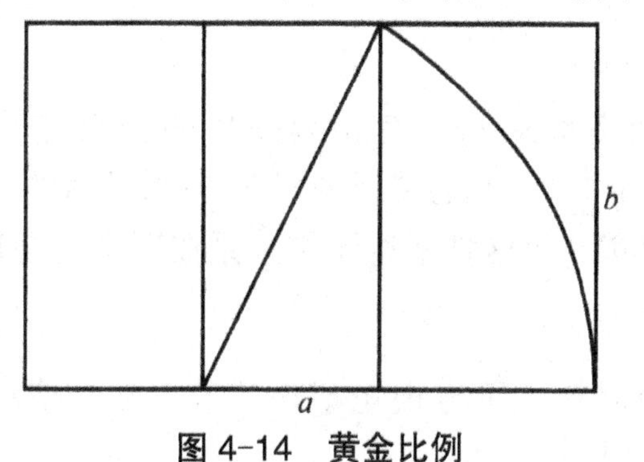

图 4-14　黄金比例

19 世纪后半叶，德国美学家柴侬辛进一步研究了黄金比例。在黄金矩形中，包含着一个正方形和一个倒边黄金矩形，利用这一系列边长为黄金比例的正方形，又可以做出黄金涡线来（见图 4-15）。

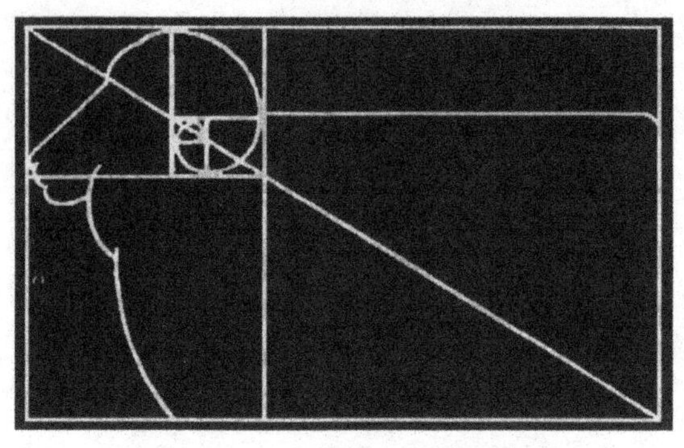

图 4-15　日本羊毛毯商标设计

古希腊人认为“黄金比例”体现出了典雅、稳重、和谐之美，也正因为如此，运用在视觉传达中会缺少视觉上的刺激，现在的很多设计作品已经脱离黄金比例。

2. 调和数列

如果以某一个长度 H 作基准，将其按 1/1、l/2、1/4、l/4、1/5…连续分割下去，就可获得调和的数列，H/1、H/2、H/4、H/4、H/5、H/6、H/7、H/8…。

3. 等差数列

等差数列指形式间具有相等差值的一组连续数列比。如 1 ：2 ：4 ：4 ：5，这种数比如果转换为具体的造型形象表现为相等的阶梯状，而这种平均比例关系在造型上是较单调的。

4. 平方根

在古希腊时期，平方根矩形在建筑、杯、镜和其他设计的骨架中广泛采用。

平方根矩形是以正方形的一边和对角线作矩形，并不断以对角线继续作矩形得出的系列平方根矩形。其中最重要的是 5 的平方根矩形，它包含一个正方形和两个倒边黄金矩形（见图 4-16）。

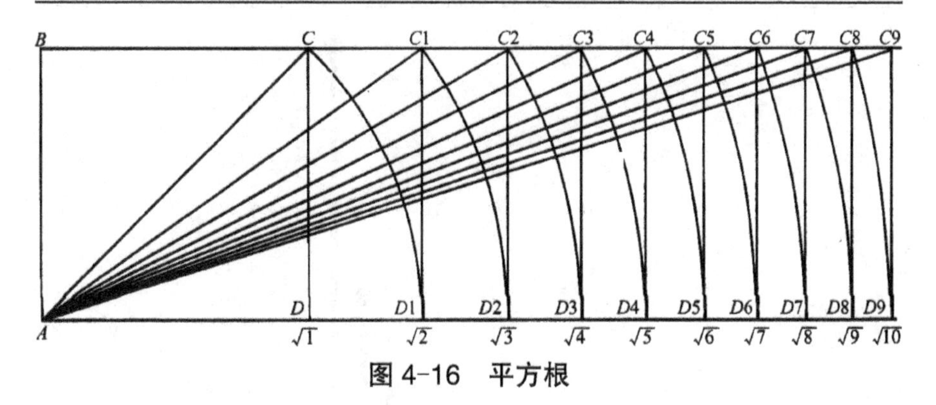

图 4-16　平方根

（以 A 为圆点，AC 为半径做弧，使之与 AD 的延长线相交于 *D1* 点。然后以 *D1* 点引出一条垂直于底边的直线，从而构成 $\sqrt{2}$ 型的矩形）

5. 斐波那契数列

斐波那契数列是一种整数数列，每一个数都是前一个数和再前一个数相加之和。这组数列为 1，1，2，3，5，8，13…每个数字都是前两个数字之和：1+1=2，1+2=3，2+3=5 等。

在这样的数列中，隐藏了众多的自然界秘密和巧合。比如，雏菊的花瓣、向日葵的葵盘中的籽等，它的特点是一种有规律的平稳变化。

6. 贝尔数列

贝尔数列是以 1、2、5、12、29、70…的排列形式出现的。它的每一项均为前项的二倍与再前项相加，如 2×5+2=12，2×12+5=29，2×29+12=70。

这种数列的特点与等比数列相同，美感在于大小可以急剧地增加或减少，造成一种剧烈、强劲有力的变化感觉。

7. 等比数列

等比数列指具有相同比值的数列。若第一项为 1，以 *n* 为公比依次乘下去可得等比数列 1、*n*、*n* 2、*n* 4、*n* 4…等比数列变化基于集合数列，越往后的变化给人的感觉越强烈（见图 4-17）。

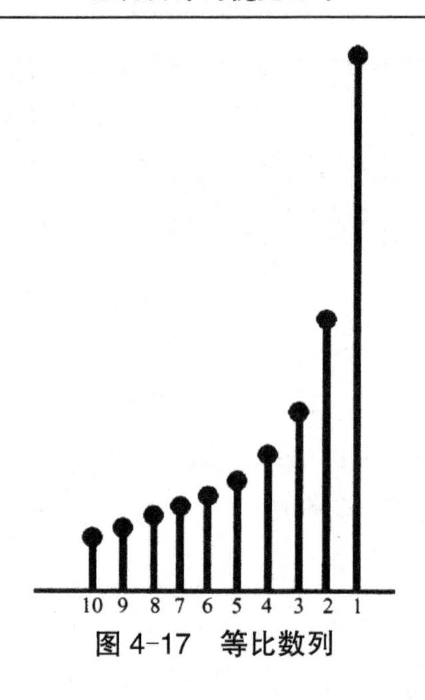

图 4-17　等比数列

（二）尺度

尺度是单位测量的数值概念，它规定形体在空间中所占的比例，可以说，尺度是结构美的造型基础，是人们心理感受和审美判断的一个重要因素。

设计活动，对于比例、尺度的理解与运用，是设计者水平与修养高低的体现，在运用集合语言和数比词汇时，易于表现现代的抽象形式美。

（三）比例与尺度的关系

如果说比例是人对对象物的形式经过长期心理经验而形成的一种相对稳固的审美标准，那么，尺度便是直接与人实际的生理和心理上的需要而产生的另一个与审美判断相关的尺寸和度量准则。

任何一件设计作品，必须具有良好的比例和尺度关系，才能使形态设计趋于完美。设计中，仅仅依赖呆板的比例，并不能完成好的设计作品，设计师应该灵活运用各种比例。

（四）包装容器设计中的比例与尺度法则

对于包装容器设计来说，无论是从功能、材料、工艺的角度，还是审美的角度，都离不开比例与尺度。在实际应用中，容器造型的比例与尺度是结合功能、使用方式、材料、技术、工艺及人们的审美需求、爱好而形成的。实际设计中造型比例尺度非常丰富，要根据具体的情况进行比例与尺度的分割。图4-18“资生堂”护肤水包装容器造型体现了竖长的形体比例关系，给人以轻盈飘逸的视觉感受。

图4-18　“资生堂”护肤水包装

二、对称与均衡

（一）对称

镜像形态呈现对称轴、对称点的平衡形式就是对称。自然界中很少有绝对的对称，绝对的对称常为人造形态。

在对称形式法则中，一切部分的形态要素都是在严格意义上的核心力量与均衡基点的作用下反复出现的，因此，当我们进行对称形式的设计时，从设计美的整体形式着眼，努力紧扣定位于核心周围的各个基点（支点），就能善于规律性地、构合有致地展示出设计的对称魅力。对称不能被理解为简单的等分性的划分，而是要调动一切关于形式美的法则（例如，调动对比、韵律、节奏等法则），使对称形式下的形态比量在丰富而又对比的状态中显现出来，进而达到高度完形意义的形态比量关系。

（二）均衡

均衡是对称的变体，黑格尔认为：均衡是由于差异破坏了单纯的同一性而产生的。均衡是形态的各种造型要素和物理量给人的综合感觉，是视觉心理的一种反应（见图 4-19）。

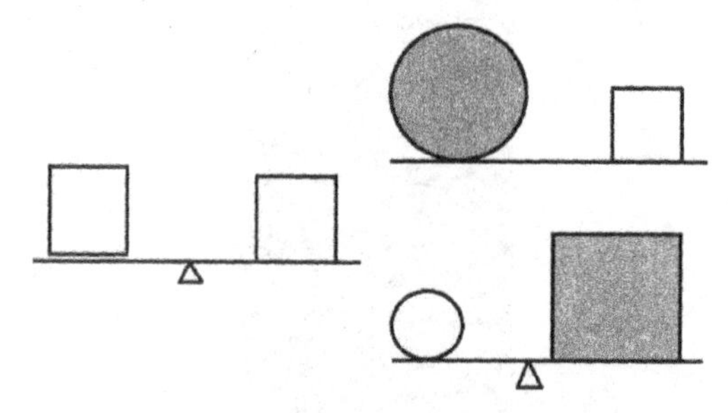

图 4-19　对称均衡与不对称均衡

设计艺术中，主要有三种均衡形式。稳定均衡，是指物体的底座扩大和重心下移，提高物体的稳定程度。不稳定均衡，是指重心下面一点支撑物体，稍受外力作用就会倒下，呈现不平衡状态。中立均衡，是指重心移动而物体均是平衡的。平衡原理要求我们在设计中重视产品的综合要素，给人稳定舒适的感觉。这表现在形色、质量、运动的空间、光感效果的处理时，要注意其用意和分量，对形体轻、薄、小、巧的产品要加强稳定安全的设计，对重、厚、大、拙的产品要加强轻巧的艺术设计。

均衡的应用要善于比较，整体地看画面中所有的视觉元素，整体地把握各个视觉元素之间的相互关系，就能够寻找出画面的不安定因素，通过调整达到均衡。

从严格意义上讲，对称可以看作是均衡的一种较完美的形式。只是对称是有条理的静止的美，而均衡则是打破静止局面，遵循力学的原理，以同量不同形的组合取得平衡安定的形态，追求一种活泼、自由、轻快的富于变化和动感的美。但均衡也较难掌握得恰当。

在均衡形式原则的探究上，当代设计家（包括现代艺术家）们已经创造出新的设计举措——非均衡的均衡。这一概念成为原有均衡形式的持续，而并非另立的割断，与严格意义上的传统均衡形式相比较便不难看出，非均衡的均衡状态在本质上仍然没有脱离均衡美的视觉感受，只是在审美心理的层面上拓宽了均衡形式美的内涵，并使作品在审美视域上增添了更广阔的空间，满足了当代审美心理的需求。

非均衡的均衡法则，从概念角度使我们意会到一种更高意义上的均衡形式美感在作品中的贯穿。也突破了原有一个“力点”的平衡限制，把作品中所有形态的量感分散到多个意象性的“力点”上，使我们感到作品整体的气势和群体扩展的程度可冲破基本力点的狭窄视域，从而获得恢宏而带有动感意味的平衡式美感。在这种视觉状态下，如果是平面设计画面，则通过对之转动，从侧置、倒置等不同的方向可欣赏到各种基于同一画面但不同视觉感受的抽象审美效应。

（三）对称与均衡的关系

如果说对称具有形式美规律及其法则静态意义上的核心地位，那么，均衡便具有形式美规律及其法则动态意义上的核心地位。然而，均衡形式法则的概念与对称形式法则的概念相比有其更大的自由度，这种自由度是在相对的意义上产生的。因为对称形式同时还包含着均衡因素，而均衡形式却无法具备对称的因素。因此，其相对的自由度使得均衡形式的个性特征更为显著。

（四）包装容器设计中的对称与均衡法则

对称法则在容器造型设计上指的是容器上下或左右同形同量，采用对称的造型方法设计出的形体具有庄严、端庄、大方等特点。

而均衡在包装容器设计中主要通过形体的色彩、肌理、方向、空间距离等设计因素达到一种视觉上的平衡关系，形态的各部分表现形式及体量可以是等量不等形或等形不等量，如图 4-20 所示，欧莱雅系列化妆品包装容器造型左右形态不同而感觉量相等，整体造型活跃，给人以不对称的视觉平衡美。

图 4-20　欧莱雅系列化妆品包装

在包装容器设计过程中，对称与均衡的设计手法应用很普遍，但有时处理不当会产生极端的效果，过分的对称显呆板，相反，过分的均衡又失去重心。所以要取得最佳的效果应该把对称与均衡结合起来考虑，使之既庄重大方又生动活泼。

三、对比与统一

（一）对比

对比又称对照，是以相异、相悖的因素为组合，各因素间的对立达到可以接纳的高限度，是各种处于对立关系的视觉造型因素的并置。对比的方法有很多，常用的主要有形态对比、明暗色彩对比、虚实对比、方向位置对比、大小对比、质地对比、综合对比等。

（二）统一

统一亦称调和、和谐，是对形态构成要素共性的加强或差异性的减弱。它在某种程度上弱化了对比的突兀性，协调了矛盾要素之间的关系，使无秩序化的事物变得合理有序。

统一有形态、大小、方向、色彩、质感等的调和，常给人一种丰富和稳健的审美感受。

（三）对比与统一的关系

对比与统一是相对而言的，没有统一就没有对比，它们是一对不可分割的矛盾统一体。

对比统一涉及的是事物质的关系，强调的是质的异中有同或同中有异[①]。只有对比调和的缺失，将导致设计的作品比较混乱，反过来，只有调和对比缺失，将导致作品没有一定的生气。二者之间的关系可以归纳为两点：多样性的统一、统一的多样性。

（四）包装容器设计中的对比与统一法则

容器造型是由不同的线形、体量、空间、色彩、肌理等因素构成，这些因素之间是相互联系、相互制约、相互矛盾的，造型设计的目的就是处理这些矛盾，使其体现出变化中的对比、协调、统一感。

1. 线形的曲直、方圆对比

造型设计中线形主要指造型的外轮廓线，不同线形可以传达出不同的感情特征。曲线太多会使人感觉太柔，没力量，但直线太多则会使人感觉太生硬。所以在处理曲线与直线、方与圆的关系时，使它方中有圆、圆中有方、刚柔并蓄、曲直相间，但线条要有主次，曲直比例不要太接近，否则个性不鲜明。另外，还要考虑容器装上产品后的色泽与瓶盖标签的对比，使之达到良好的整体效果。如图 4-21 所示，香水包装容器在方圆对比中

① 对比是具有显著差异的形式因素的配置，形体的大小、色彩的色相与色度、光线的明暗、空间的虚实等，对立的差异性因素组合的统一体，会给人以鲜明、振奋、醒目的感觉。统一在较为接近的差异中趋向调和，是按照一定的次序作连续的逐渐的变化而得到的效果，使人感到融合、协调。

求得整体的协调。

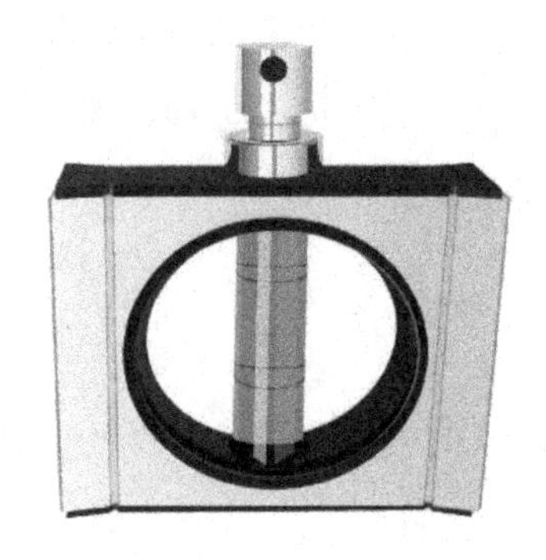

图 4-21　方圆对比中的协调统一包装

2. 造型的体量大小对比

容器造型一般由主体、附体以及附加物等组成，具体来讲，包括瓶身、瓶颈、瓶盖、瓶底等。容器造型各个组成部位之间的体积大小比例的协调，对整体造型的设计起着至关重要的作用。设计时要注意它们之间主次关系和相互比例大小的关系，以达到整体造型的协调统一。如图 4-22 所示，香水包装容器，整体造型简洁流畅，肩颈部的花朵处理个性特征突出，各个组成部分之间的体量大小、比例协调统一。

图 4-22　造型体量大小的对比包装

3. 色彩、质感的对比

包装容器的色彩、质感变化主要是从材料和色彩装饰效果上来体现，不同的物体材料各有其不同的色彩质感，有光滑与粗糙、软与硬、透明与不透明、明与暗等，不同的材质质感对比可以使容器造型产生多样性的变化和美感。包装容器一般都由几种不同材料组合而成，不同的组合方式会传达出不同的视觉效果和心理感受，材料的变化对比可使精细部位更突出，整体造型效果更鲜明。如乳白玻璃加一个彩色塑料盖、透明玻璃加一个金属盖，也可用无光的磨砂玻璃与发光的金属材料造成某种对比，如图 4-23 所示，“SUNTORY”系列白兰地酒包装容器通过材料、色彩、质感等的变化充分体现了色彩、质感的对比。设计师应了解各种原材料的性能、特点和加工工艺的知识，并充分运用原材料的色彩、质感特点来达到包装容器设计的特有效果。

图 4-23　SUNTORY 系列白兰地酒包装

4. 形体之间的过渡统一

容器造型是由瓶盖、瓶颈、瓶肩、瓶体和瓶足等形体构成要素组成的，容器的造型与功能有着直接的联系，在每两个不同形体构成要素之间要有一个过渡，否则会出现生硬的感觉，同时在功能实现、工艺制作上也存在一定的困难，所以一般利用一段曲线来连接两部分，使其两个形体体量自然连贯，完整和谐。在包装容器中，过渡在酒类瓶的设计上得到充分的体现，如图 4-24 所示。

图 4-24　Cem Amigos 葡萄酒包装容器

5. 整体造型加强与减弱的统一

利用整体造型的加强与减弱的设计方法能使包装容器造型各个组成部分之间的形体设计元素完整、统一。其设计手法是加强其中某一部分同时减弱另一部分，使其有一个明确的主调，否则直线、曲线所占分量相同，就会使整体造型个性不突出。如图 4-25 所示，“W MAN”香水以直线作为造型主调，加强和谐一致的直线感，减弱曲直对比感，只在造型转折的位置作小的圆角处理，既丰富了造型，又突出了个性。

图 4-25　W MAN 香水包装

四、节奏与韵律

（一）节奏

音乐中，节奏被定义为“相互连接的音所经时间的秩序”。而在二维图形的设计中，节奏是通过线条的流动、色彩的深浅变化、光影的明暗变化、形体的大小变化、肌理的变化等因素做有规律的反复或渐变而形成的节奏美感。

节奏可以使生活变得有序，也可以使物体富于动感，当然这也是各种设计活动常用的形式规律之一。

（二）韵律

韵律是指当节奏重复或反复时，再赋予形态大小、高低、多少、疏密、方向等变化因素。韵律的本质是反复，所以，反复是形式韵律美的基石。

韵律有以下几种表现形式：渐变韵律、重复韵律和动态韵律。

渐变韵律是一种按一定规律进行渐次发展变化的手法，包括形态大小、位置、方向、形状、明暗等渐变形式，这种渐变能体现出某种连续的渐进顺序。

重复韵律包括连续重复和交替重复两种形式。连续重复是将造型要素中的形状、色彩、材质、肌理等按照要求做有规律的重复表现；交替重复是对立和对应的重复变化，如图案设计中的二方连续、四方连续等表现形式。重复的韵律可以加强视觉刺激，增强诉说力，增加视觉记忆。

（三）节奏与韵律的关系

节奏和韵律是产生视觉美感的重要表现手段，重复产生节奏的变化，变化的节奏产生韵律，韵律的变化使作品产生不同的美感效果，而美的节奏韵律能使人在生理和心理上产生愉悦和审美的快感。

节奏与韵律冲击人的心扉，触动情感，掀起波澜，营造出情感氛围。韵律在视觉形象中往往表现为相对均齐的状态。在严谨平衡的框架中，又不失局部变化的丰富性。比如，自然中的潮起潮落、云卷云舒、满湖涟漪会引起人们对一些抽象元素不同的联想：对起伏很大的折线弧线感到动荡激昂；对弧度不大的波状线感到轻快，这些联想正是韵律在人们审美意识中的影响。[①] 韵律是在节奏的基础上赋予情调的感觉，节奏是韵律的条件，韵律是节奏的深化。

（四）包装容器设计中的节奏与韵律法则

造型的节奏与韵律是通过对造型设计要素中的点、线、面、比例、材质、色彩等的反复和组织，使容器造型整体形成一种如同音乐的节奏感与旋律感。节奏是构成韵律的基础，韵律是节奏基础上的内容与个性的体现。

图 4-26 纪梵希香水包装容器

在容器造型设计中，节奏指有规律、有组织地重复同一造型要素，使造型的各个组成部分有机地联系起来，形成连续性的形式美感，如相同、相似形的重复，大小形的重复、渐变形的重复等。韵律则是在节奏基础上有条理的连续、重复并相互呼应，有变化、有节奏的处理线形和空间起伏延伸转折等关系，赋予容器造型连贯的韵律美。如图 4-26 所示，纪梵希香水包装

① 陈振旺．视觉传达设计基础 [M]. 长沙：中南大学出版社，2009.

容器的瓶盖表面的凹凸渐变形重复，形成空间线体的起伏感及节奏韵律感。

五、整体与局部

（一）整体

整体统辖局部，局部服从整体，这也是形式的重要法则。整体的形成就是要通过统一的手法，使画面形成一个鲜明的有机整体，而局部则需要变化，并且从属于整体[①]。

着眼于整体设计，要有战略家的眼光，善于宏观把握。

（二）局部

局部在画面中不应是孤立存在的，它的形式不但是美的，同时还应与整体形成有机的联系。

阿恩海姆在《艺术与视知觉》中指出：“一个部分越是完善，它的某些特征就越易于参与到整体之中。当然，各个部分能够与整体结合为一体的程度是各不相同的，没有这样一种多样性，任何有机体的整体（尤其是艺术品）都会成为令人乏味的东西。”

（三）整体与局部的关系

我们通常所说的“主从”关系，也是指整体与局部的关系，常以形、色、质的对比衬托，利用动感的视觉诱导和将重点设置在视觉中心位置等手法，达到主次分明又相互协调的目的。在总体设计中，内容主次的把握，黑白灰的安排、点、线、面的处理，画面布局分寸的控制等，都应做统筹规划，以使局部服从于整体。

---

① 视觉的格式塔心理学表明：形态的整体大于它的局部之和。反过来也就是说，各个局部的相加并不等于整体，一加一大于二。而只有保持局部的某种程度的独立，才会形成局部的特征。

（四）包装容器设计中的整体与局部法则

在包装容器设计中，要避免为了追求变化而变化或在局部位置添加与整体不协调的设计元素，局部是整体造型不可分割的部分，要服从整体的要求，局部的造型变化是为了丰富整体的造型，但不能破坏整体造型的协调统一。同时局部又要处理得精确到位，有个性，更加突出自己的造型特点，如图 4-27 所示，香奈儿香水包装容器，整体上以方体和直线作为造型语言，局部作圆角处理，体现出简洁流畅、协调统一的造型特点。

图 4-27　香奈儿香水包装

第五章　包装视觉艺术与印刷工艺

设计画稿只是纸上蓝图，必须通过印刷才能实现设计意图，得到所需要的印刷制品。所以，对包装设计视觉艺术的研究不得不探讨包装印刷的种类以及包装印刷的工艺流程。

第一节　包装印刷的种类

一、凸版印刷

凸版印刷历史悠久，是一种古老的印刷方法，源于木雕刻版。它是指将油墨涂在凸起部分，经覆纸加压力，转印图文于包装材料之上。

凸版印刷的形式主要有活字印刷（用于印刷说明书），活字＋锌版（用于印刷名片、信封）印刷，锌版包装（硬凸、三四套专色）标套印刷，活字＋尼龙胶版（凸版轮转机）书版印刷，曲形铝版印刷，曲形尼龙版印刷，针孔线版（用于印刷发票）印刷，橡胶版印刷等。

凸版印刷有着自身的优点和缺点。

其中优点体现在：油墨浓厚，色调鲜艳，字体清晰；油墨表现力强，制版方便；由于凸版印刷是将油墨滚在印刷的凸面上，然后直接压印在纸张上，故称为直接印刷。

而缺点则为：网线较粗，制版费较贵，不适合大面积印刷，设计实地要控制，小字和大实地不能同时用一次凸版。

二、凹版印刷

凹版印刷也是传统印刷方式之一，来源于铜版画的印制方法。印版的图文部分低于无图文部分，印刷时先将印刷滚筒在凹版油墨槽内着墨，再将刮墨刀将表面油墨刮净，对纸张加压后将油墨吸出完成印刷。版面为反图，成品为正图。凹版印刷的原理见图 5-1。

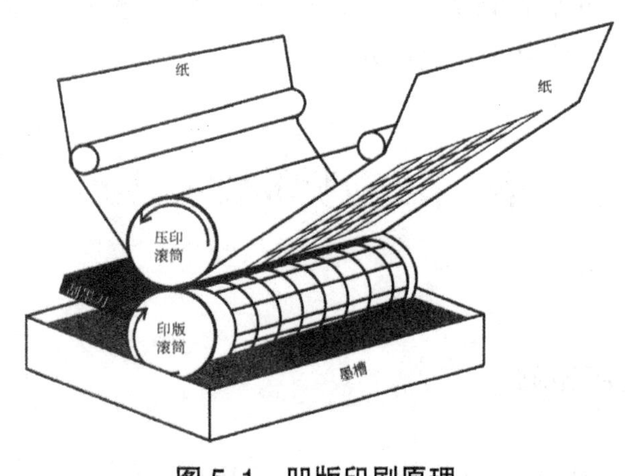

图 5-1　凹版印刷原理

（一）凹版印刷方式

凹版印刷的方式有雕刻凹版和照相凹版两种。

1. 雕刻凹版

雕刻凹版是由雕刻金属饰物图案、拓印演变来的。早期雕刻铜版印刷是先将纸张润湿（增强黏墨性），在纸背上加呢布，加压吸出油墨，再烘干（类似铜版打样机），但成品有伸展现象。现在铜版印刷采用干式法，根据雕刻铜版网版线条的浅深、粘着油墨的多少反映墨色的深浅。采用雕刻凹版印刷的成品有平凸感，立体感强，一般用于文字和图案印刷，照片不宜。

2. 照相凹版

照相凹版印刷又称影写版印刷，是指利用照相的原理进行凹版制版。将原稿摄制成阴图软片，经过修改后翻晒成阳图软片，连同文字一同拼版，然后在经过敏化处理的碳素纸上，先用网纹版感光，再用拼好版的阳图版感光。这时碳素纸上铬胶层由于感光的不同影响，按其阳图黑白层次的不同密度，而使碳素纸上的胶层发生不同程度的硬化。将其过版到预先准备好的铜滚筒版面上，经过温水浸泡，逐渐把没有硬化的胶质冲掉，再用氯化铁溶液腐蚀。由于胶质硬化程度的不同，在腐蚀过程中，氯化铁溶液对胶层渗透的程度也不一样，因此，对铜版的腐蚀力也有了区别，从而获得具有深浅层次的腐蚀凹痕，印制出深浅不一的墨色图文。

（二）凹版印刷的优缺点

凹版印刷优点为：着墨力为90%，有厚度，版面耐印度强，压力强，印刷数量大，线条精美，印刷精良，材料范围广泛。

缺点为：制版费和印刷费昂贵，制版复杂，不宜少量印刷。

钞票、邮票、股票、商业性凭证、《人民日报》黑白版一般采用凹版印刷，国外许多高档杂志和建材印刷也用凹版印刷。这种方法一般用高速轮转机印刷，国内塑料袋印刷也采用类似的工艺，只是增加了静电处理装置。

三、平版印刷

平版印刷又称胶印或间接印刷，是印刷领域中应用最广泛的一种印刷方法，在包装印刷中占最重的地位。平版印刷的原理比较简单，印纹和非印纹几乎处于印版的同一水平面上，利用油水不相溶的原理，使印纹亲油、非印纹亲水，印版与水辊接触后，印纹斥水，非印纹部着水，印版在与墨辊接触时，非印纹已覆有水，不能接收油墨，印版在与纸张接触时，印纹上的油墨转印到纸张上成为我们所需的印刷品，再通过一系列的印后加工成为我们最终需要的包装产品，平版印刷示意图（见

图 5-2）。

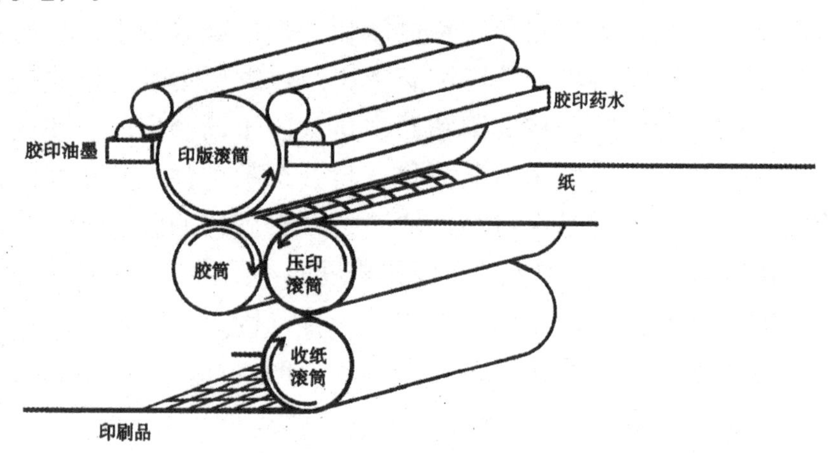

图 5-2 平板印刷示意图

平版印刷与凹、凸版印刷相比，虽然清晰度没那么高，但它在较为粗糙的印刷面也能进行较好的印刷，与凹、凸版的制版时间和成本相比，平版印刷都有较强的优势，平版的制版费便宜且制版时间短，印刷的速度较快，除此之外，平版印刷的套色准确、色彩柔和、层次丰富、吸墨均匀，在设计颜色上只要是 CMYK 模式，千变万化的色彩都可以套印出来，在书籍、报纸、海报、包装的印刷上被广泛应用。

平版胶印是美国的鲁贝尔于 1904 年发明，至今发展迅速，平版印刷是由早期的石版印刷演变而来，此后又改进为把金属锌等作为版材，因为版材的承受力较重，后又增加了一个胶筒以缓解压力，金属锌板作为正纹版，转印到胶版上成为反纹，再将反纹转印到纸上成为正纹，因此这种印刷方式又称为“胶印”。

目前市面上胶印机主要有单色胶印机和四色胶印机两种，单色胶印机价格相对便宜，但应用起来比较烦琐，必须印完一色后洗掉颜色，再套印另外一色；而四色印刷机可以一次印刷 CMYK 四种色彩，但四色印刷机价格昂贵，如德国海德堡的四色印刷机有些机型就需要几千万。

四、丝网印刷

丝网印刷是孔版印刷的一种，占孔板印刷的90%以上，油墨通过网孔实现印刷，印版呈丝网状，印刷时印版上的油墨在刮墨板的挤压下，通过印版网孔部分漏印至承印物的表面。图5-3为丝网印刷机。

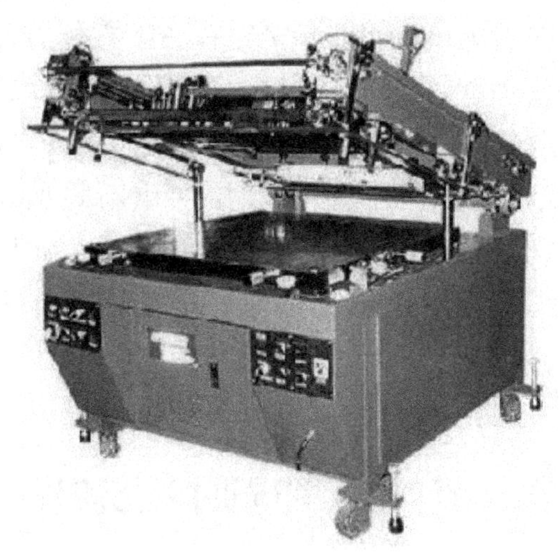

图5-3　丝网印刷机

丝网印刷起源于中国，距今已有2000多年的历史了。据史书记载，唐朝宫廷穿用的精美服饰就有用这种方法印制的。到了宋代，丝网印刷又有了新的发展，并改进了原来使用的油性涂料，开始在染料里加入淀粉类的胶粉，使其成为浆料进行丝网印刷，使丝网印刷产品的色彩更加绚丽。

丝网印刷与其他印刷方式相比，是最简单的一种印刷方式，所需的设备比较少，对承印物适应性较强，是可以在微型电子元件、大小型电子器材表面、服饰、灯箱广告、玻璃、金属、陶瓷、纸板等除了在水和空气外很多材料上可印刷的一种方式，可以在平面、曲面、立体等不同的表面进行印刷，但其缺点是印刷的速度慢，印刷品产量低，多以手工操作为主，颜色比较单调，印刷完一色后要等待烘干或自然干燥后才能印刷另外的色彩。

五、3D 立体打印

所谓 3D 立体打印机，是指可以“打印”出真实 3D 物体的一种设备，根据电脑中的设计图和原型扫描图，将原料喷涂在多个薄层上，最终形成精确率极高的立体实物。1986 年第一台 3D 立体打印机在美国面世，1992 年美国的 3D 立体打印机制造商 Stratasys 卖出了第一台商业化产品。3D 立体打印机既不需要用纸，也不需要用墨，而是通过电子制图、远程数据传输、激光扫描、材料熔化等一系列技术，使特定金属粉或者记忆材料熔化，并按照电子模型图的指示一层层重新叠加起来，最终把电子模型图变成实物。其优点是大大节省了工业样品的制作时间，而且可以“打印”造型复杂的产品。因此许多专家认为，3D 立体打印技术代表了制造业未来发展的新趋势。

第二节　包装印刷的工艺流程

一、平板印刷与凹版印刷流程总览

（一）平板印刷流程

平板印刷流程图示，如图 5-4 所示。

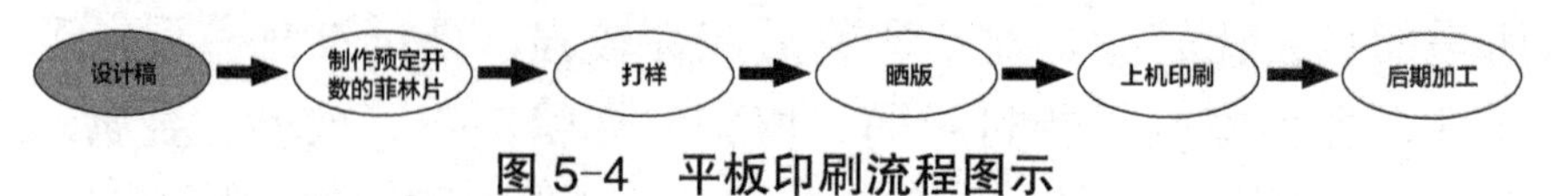

图 5-4　平板印刷流程图示

（二）凹版印刷流程

凹版印刷流程图示，如图 5-5 所示。

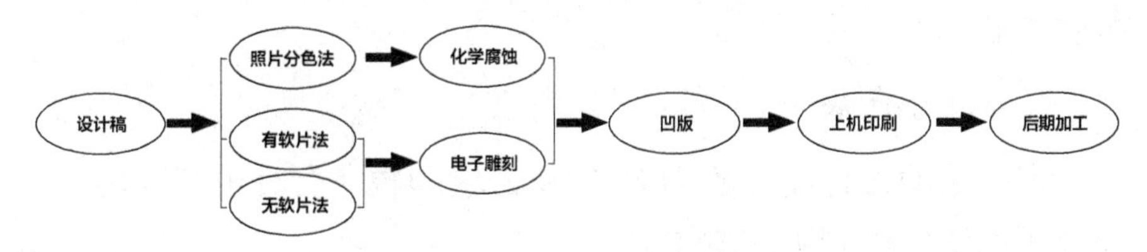

图 5-5　凹版印刷流程图示

二、包装印刷流程步骤解析

（一）设计稿

设计稿就是设计出要印刷的元素的部分，包括文字、图片、表格等，印刷前要对设计稿有深刻的了解，目前包装设计的设计稿基本是通过计算机辅助设计，省去了以往需要精确地绘制出黑白原稿的过程，取而代之是计算机的直观编辑设计。

（二）制作预定开数的菲林片与打样

1. 制作预定开数的菲林片

完成的设计稿需要经过电子拍照系统的处理，利用计算机实现设计稿的排版输出，将设计稿分色为 CMYK 四色胶片，然后用胶片就可以制版印刷了。

2. 打样

将制作完的菲林片在打样机上进行少量的试印，再将试印的样稿与原稿进行比较、校对及调整印刷工艺的依据和参照。

（三）晒版与照片分色法

1. 晒版

晒版是制版的一种方法，可以制作凸版、平板、凹版、丝网版等，现代平版印刷通过分色成软片，然后晒到 PS 版上进行拼版印刷。

2. 照片分色法

把完成的设计稿分色为 CMYK 四色印辊（有时也有专色），经过腐蚀就可以制版印刷了。

（四）化学腐蚀

腐蚀的方法有以下两种。

1. 使用三氯化铁溶液腐蚀

三氯化铁溶液腐蚀法首先将滚筒上不需要腐蚀的地方涂抹防腐清漆，然后再将其置于 20℃左右的腐蚀液中，腐蚀液的波美度控制在 40 ～ 42B é。

2. 电解腐蚀

电解腐蚀法是指在电解腐蚀装置中装着电解液，滚筒做阳极，不锈钢做阴极；电解槽底部装有发泡装置，使电解液流动并使腐蚀高速、均匀地进行。

（五）有软片法、无软片法与电子雕刻

电子雕刻是用电信号驱动，将电能转化为机械能在铜辊表面进行雕刻的一种方法。随着电子和电脑技术的飞速发展，电子雕刻从有软片电子雕刻发展到无软片电子雕刻。在整个雕刻过程中，电子文件代替了胶片成为图像数据的载体。无软片电雕系统一般由组版工作站、电子雕刻机、版式打样系统三大部分组成。

（六）凹版与上机印刷

凹版——经过化学腐蚀或者电子雕刻制成凹版。

上机印刷——根据符合要求的开度，使用相应印刷设备进行大量的生产。

（七）加工工艺

印后加工工艺是现代包装的组成部分，在包装印刷中占有重要地位。经过印后加工，不仅可以增加印品表面光泽和表面装饰效果，提高印刷制品的价值，而且可以增加印品的耐光、耐热、耐摩擦、耐湿、耐药品性等性能。

印后加工工艺大致分为以下几种方式。

1. 上光工艺

上光是指在印刷品表面上涂布一层无色透明涂料的工艺过程。上光工艺是改善印品表面性能的一种有效方法，不仅可以增强印品表面光泽度，还能够起到保护印刷图文的作用。上光有三种形式：涂布上光、压光、UV 上光，见表 5-1 所示。

表 5-1　上光的形式

形式名称	内容及释义
涂布上光（普通上光）	以树脂等上光涂料（上光油）为主，用溶剂稀释后，利用涂布机将涂料涂布在印刷品上，并进行干燥。涂布上光工艺流程为：送纸（自动、手动）——涂布上光涂料（普通上光涂料或 UV 上光涂料）——干燥（固化）
压光	在上光的基础上再通过一定的温度和压力使涂布材料在印品表面形成较强光泽的玻璃体，产生良好的艺术效果
UV 上光（紫外线上光）	用紫外线干燥（固化）上光涂料（UV 上光涂料，UV 上光油）涂布于印刷品表面，在紫外线光照下，上光油固化后硬化，在印刷品表面形成一层薄膜。UV 上光具有高亮度、不褪光、耐磨性高、干燥快、无毒等特点，UV 油墨本身无颜色，可以厚厚地加上一层透明油墨。如果通过平版印刷只能是和油墨一样的厚度，主要是通过凹版或丝网印刷，丝网印刷为好，最厚可达 2mm 左右

2. 覆膜工艺

覆膜工艺就是用黏合剂将塑料薄膜和印刷品黏合在一起，形成纸塑复合的印刷品。覆膜的材料大多为聚乙烯或聚丙烯薄膜，薄膜的厚度一般为 0.02mm ～ 0.2mm。常用的覆膜方法有干式覆膜、湿式覆膜、预涂布覆膜。

（1）干式覆膜

干式覆膜工艺就是用涂布装置将黏合剂均匀涂布于塑料薄膜表面，输送到烘道干燥的过程。干式覆膜工艺流程，如图 5-6 所示。

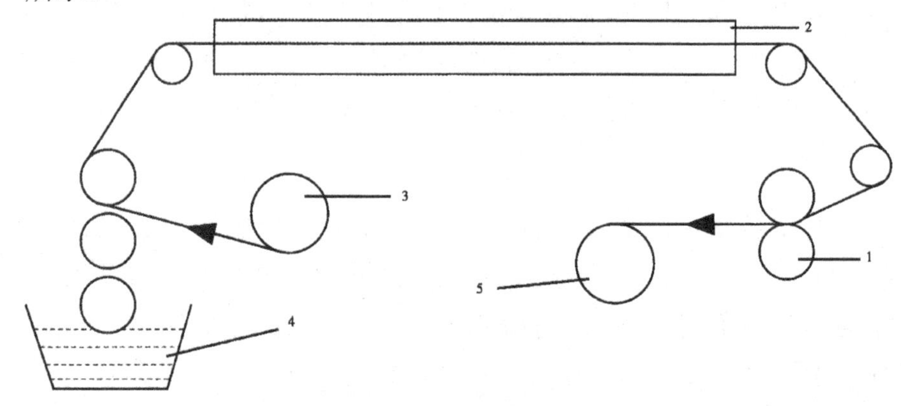

1—压辊；2—烘道；3—放卷；4—黏合剂；5—收卷

图 5-6　干式覆膜流程图示

（2）湿式覆膜

湿式覆膜是指在塑料表面涂布一层水溶性黏合剂，在黏合剂未干的状态下，通过压辊与纸或纸板复合，成为覆膜产品。湿式覆膜的塑料薄膜与纸张复合后，有的经过热烘道干燥，有的不经干燥直接收卷，湿式覆膜工艺流程，见图 5-7 所示。

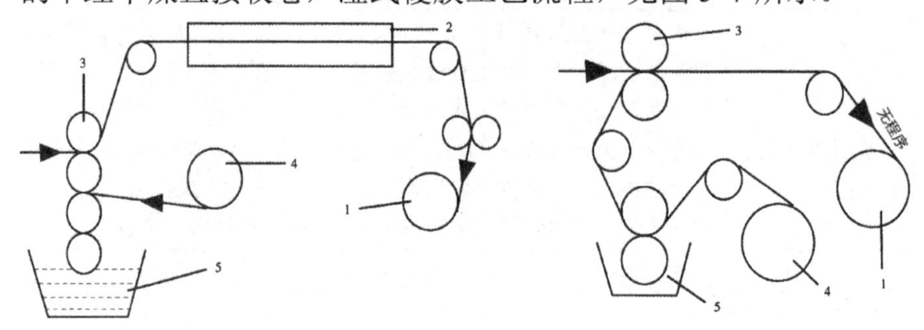

1—收卷；2—烘道；3—压辊；4—放卷；5—黏合剂

图 5-7　湿式覆膜流程图示

（3）预涂布覆膜

预涂布覆膜是将黏合剂预先涂布在塑料薄膜上，经烘烤干卷取后，作为商品出售。需要覆膜时，在无黏合剂涂布装置的覆膜设备上进行热压合，完成覆膜过程，覆膜的材质主要有两种，一种是亮膜，使作品有光泽感；另一种是亚膜，它本身不反光，但作品高雅大方、有文化感。我们可根据作品的色调内容选择覆膜的方式。

3. 烫金工艺

烫金也称烫印、烫箔，是以金属箔（电化铝箔）或颜料箔，通过热压转印到印刷品或其他物品表面上的特殊工艺，可以达到金色、银色等多种装饰效果。经烫金的产品，其色彩丰富、艳丽，可提高印品光泽、增强耐久性等。

（1）烫金的方式

烫金的方式有金箔烫印、银箔烫印、铜箔烫印、铝箔烫印、粉箔烫印、电化铝烫印，电化铝烫印是最常用的烫印方式。烫印的材料主要有：金属箔、电化铝箔、粉箔和其他辅助材料。

（2）烫金机的类型

按烫金机的运动形式可将烫金机分为两种类型，即平压平型烫金机和圆压平型烫金机。目前普遍应用的主要是平压平型烫金机，其工作原理可见图 5-8。

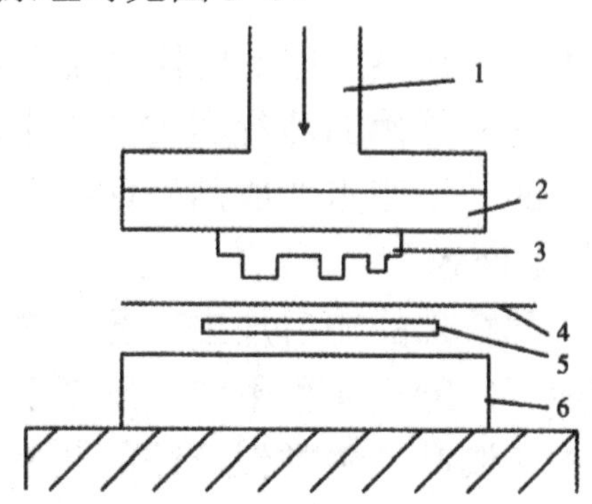

1—压印版；2—电热器；3—印版；4—电化铝箔；5—承印物；6—印刷台

图 5-8　烫金机的工作原理

（3）烫金、烫银制作的原理

烫金、烫银制作的原理是利用高温机械，用凸版印刷的方式把金色纸烫印在纸张上。烫金为暖色调，主要用于喜庆类印品，烫银为冷色调，制作出来的作品比较高雅。

4. 凹凸压印工艺

凹凸压印也称凹凸印、压印、压凹凸、轧凹凸、凹凸印刷等。凹凸压印是用凹凸两块印版，把印刷品压印出浮雕状图像的工艺。如果图文部分不用油墨印制，直接用凹凸版压出浮雕的图文，称为素压凸。凹凸压印是包装装潢中常用的一种印刷方法，有些书封面也采用凹凸压印的方法。凹凸压印主要用于印刷各种高档包装纸盒、商标标签、请柬、贺年卡、书的封面、证件及人物、动物、风景图案等。

凹凸压印的所有印版由两部分组成，即凹版和凸版，凹凸印时，凹版和凸版成套使用。凹凸压印整个工艺流程，如图 5-9 所示。

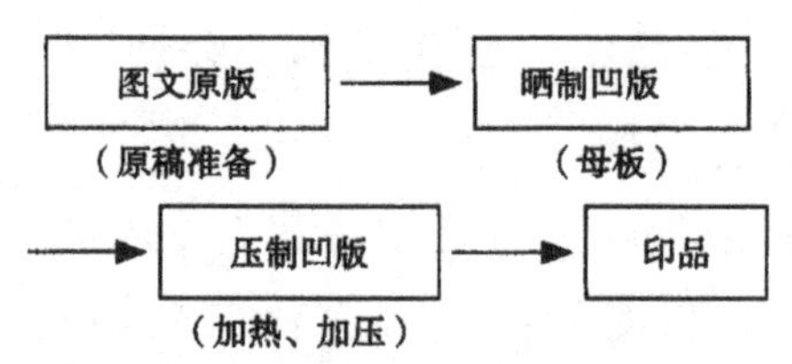

图 5-9　凹凸压印工艺的流程图示

凹凸压印利用压力在已经印好的图文部分或在未印好的纸或纸板表面压成具有立体感的凸行图文或文字，凹凸压印不用油墨，不用胶辊。凹凸压印出的成品一面凸，一面凹，凸面接触凹印版，凹面接触凸版。

凹凸压印是一种特殊的印后加工工艺，它是浮雕艺术在印刷品上的移植和应用，能在面积不宽、厚度不大的平面上凸起图案形象，使平面印刷品产生类似浮雕的艺术效果，使画面、层次丰富、图文清晰、立体感强、透视角度准确、图文形象逼真，是纸制品和纸容器方便的装饰加工方法之一。

5. 模切压痕工艺

模切是指以钢刀排成模（或用钢板雕刻成模）、框，在模切机上把纸片轧成一定形状的工艺过程。

压痕就是指利用钢线，通过压印在纸片上压出痕迹或留下弯折槽痕的工艺过程。

模切与压痕可按两道工序用模切机和压痕机分别完成，也可以将模切与压痕工序合并在一起，由模切压痕机一次完成。模切与压痕是现代包装纸盒、纸箱、书封面、商标、标牌、标签、不干胶、旅游纪念品等产品中的一项重要工序，是实现包装印刷现代化的重要手段之一。通过模切压痕工艺，不仅可以加强包装装潢产品的艺术效果，增加使用价值和销售价值，还可以合理利用材料，提高生产效率，降低产品成本。

在包装装潢产品的制作中，模切与压痕工艺过程基本相同，其工艺流程如图 5-10 所示。

图 5-10　模切与压痕工艺流程图示

模切与压痕使用两种刀具，一种是模切道具，一种是压痕刀具，经过压力作用完成不同的加工要求。模切刀具称为钢刀、模切刀或啤刀，刃口很锋利，利用锋利的刀具刃口将纸板切断，得到所需要的纸盒形状。压痕刀具称为钢线、压痕线或啤线，钢线材料要具有耐磨损、弯曲度大等特性。

第六章　创意与实践

包装设计是一门理论联系实际的艺术设计门类。在前面的章节里我们论述了包装设计的概念、流程、设计语言、视觉艺术和印刷工艺，这些内容在实际应用中是如何表现的？又会产生哪些基于理论的创意？本章我们将详细探讨包装设计的创意与实践。

第一节　中国元素在包装设计中的视觉表现

一、包装设计中中国元素的概念

中国元素特指中国文化背景下，为大多数国人所认可的，体现中国文化内涵和气质，凝结中华民族精神，并体现国家尊严和民族利益的图像、符号或风俗习惯的事物。这些中国元素景观经过适当的加工和发展后，便极具民族个性色彩。

中国元素不仅仅是传统文化的一种象征。中国元素作为创意语言更不应该被视为一种时尚的新名词。孕育着中国文化精神的中国元素将会肩负起融入世界、影响世界的时代使命。

包装设计不仅是为物质产品的创造所进行的，更是一种精神活动。文化元素可以为包装设计增加许多强大的感染力，使得消费者对产品的品牌形象有更深的了解，并对产品的生产地的文化传统有更深刻的印象。这也是保护和宣传民族文化的一种很好的手段。

二、包装设计中中国元素的分类

5000 年的中华古国源远流长，中国传统文化博大精深，形式多样，各有自己独特的风格和面貌。下面就简单介绍几种具有鲜明代表性的传统文化形式或者说中国元素的表现形式。

（一）传统图形

中国传统图形有着极为丰富的内涵和十分多变的样式（见图 6-1 至图 6-5），图案样式根据表现形式特征可归纳为两种：首先是以“福”“禄”“寿”“喜”为代表的文字图形所演变的各种表达对美好生活向往的文字形式。其次是图像形式，如抽象图形的太极、八卦、云纹、雷纹、方胜等；以及具体形象的龙凤、牡丹、如意、琴棋书画等形式都是优秀中国元素的体现，也被设计师们广泛应用到各个领域。

图 6-1　传统图形

图 6-2　“栗贵”酒包装

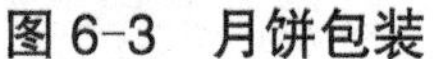

图 6-3　月饼包装

图 6-4　减肥茶包装

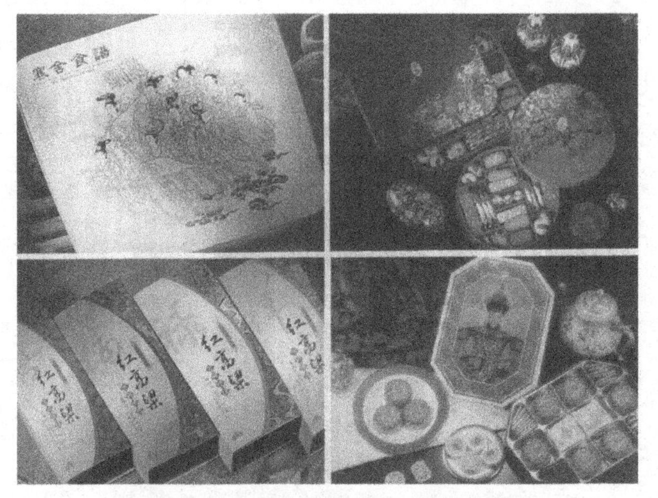

图 6-5　“皇楼京宴”月饼包装

（二）陶瓷艺术

“云蒸霞蔚，如冰类雪”这句诗形容的是瓷器，中国是瓷器的故乡，几千年来的陶瓷文化的传承和延伸，为人类历史文明做出了杰出的贡献。

在英文中，“瓷器”（china）一词已成为“中国”的代名词。瓷器脱胎于陶器，它的发明是中国古代先民在烧制白陶器和印纹硬陶器的经验中，逐步探索出来的。五大名窑（汝、官、哥、钧、定），景德镇青花瓷早已蜚声海外。图6-6为某品牌的月饼盒包装，运用了青花瓷（白地青花）作为主体装饰元素，既突出了商品的民族性，又提升了商品包装的整体品质与格调。

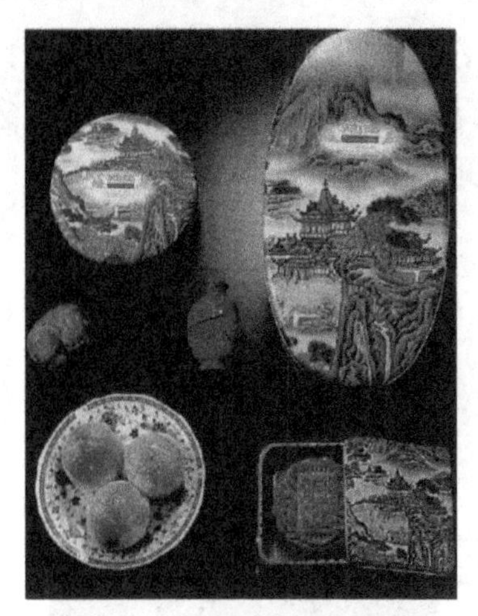

图 6-6　陶瓷艺术包装

（三）水墨画

水墨画是中国绘画独有且最具典型意义的画种，体现了中国绘画艺术的博大精深和独特的文化气韵。将国画艺术运用到商品的包装设计中，应根据产品的特点和品牌的个性进行，在用各种方式和手法来体现国画文化和传统文明的同时，对产品的特色以及地域、民族的信息进行有效的传达。图 6-7 为江南人家的酒类包装，运用了一幅意境幽远的水墨画作为主要图案，小桥流水、黑瓦白墙，意境悠远绵长……

图 6-7　水墨画包装

图 6-8 是一套江南传统糕点的包装，设计师从水乡风情中吸取灵感，粉墙黛瓦、小桥流水的花月朦胧之中透出优雅的江南情调，很好地体现了产品的地域特色。

图 6-8　江南传统糕点包装

图 6-9 中以质朴、天然的牛皮纸配合透明现代材质为主要包装材料，采用酣畅淋漓的水墨表现手法，结合空灵冷静的现代版式构成，突出了干果类食品天然、纯粹和味道醇美的特性，透出浓浓的天然特质和文化气息。

图 6-9　干果包装

（四）书法与印章

书法与印章艺术，是中华民族传统文化的瑰宝，它既可作为文字信息说明，又可成为图形或符号来表现主题、意图。鉴于书法本身就是一种线条艺术，它的笔法的轻重浓淡、笔画的伸展疏密变化可以产生无穷韵致的效果，令人回味。

随着历史的发展，中国的书法艺术形成具有多种时代风格的书体：篆书，古朴高雅；魏书，字体朴拙、舒畅流丽；隶书，笔势生动、字体整体统一；草书，字形繁多，笔势连绵回绕。在包装设计中运用这些书体，能大大增强包装设计的时代性（见图 6-10）。

图 6-10　“黄鹤楼”酒包装

图 6-11 中酒的包装简洁、古朴、低碳。包装形式上回归自然的手法，易于打开和保存，浓郁的传统书法风格品牌文字，宏扬民族文化。

图 6-11　“舍得”酒包装

图 6-12 中古越龙山品牌应用金石篆刻的风格表现出产品的历史与传承。

图 6-12　“古乐龙山”酒包装

图 6-13 中洒脱的笔墨形态为此包装的设计主调，精心安排的骨式构图突出表现了深厚的中国茶文化的艺术气息，产生了清新脱俗的产品特质。

图 6-13　茶叶包装

（五）民间美术

民间艺术是流传于民间，为劳动人民的生活服务，被劳动人民所喜闻乐见的艺术形式。在我国，有代表性的民间艺术形式多样。例如，剪纸艺术、皮影艺术、年画艺术（天津杨柳青、苏州桃花坞等非常具有代表性）、泥塑艺术等。这些民间艺术长久以来形成了独特的艺术风格，对当今包装设计有着非常大的启迪作用。

1. 中国结

中国结全称为“中国传统装饰结”。它是一种中华民族特有的手工编织工艺品，具有悠久的历史。中国结所显示的情致与智慧是中华古老文明中的一个文化面，其年代十分久远，体现了我国古代的文化信仰及浓郁的宗教色彩，体现着人们追求真、善、美的良好的愿望（见图 6-14）。

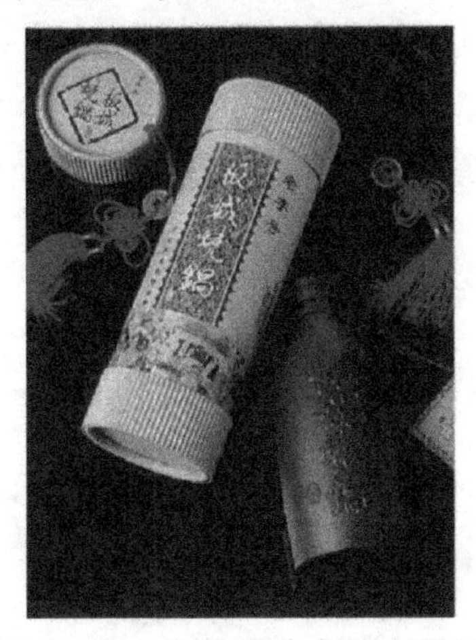

图 6-14 包装设计中的中国结

2. 剪纸

剪纸，顾名思义，就是用剪刀把纸剪成图形。包括窗花、门笺、墙花、顶棚花、灯花、花样、喜花、春花、丧花等。

剪纸是中国最普及的民间传统装饰艺术之一，有着悠久的历史。由于在创作时使用工具不同，有的用剪子，有的用刻刀，因此剪纸又被称为刻纸、窗花或剪画。剪纸是一种镂空艺术，它在视觉上给人以透空的感觉和艺术享受。其载体可以是纸张、金银箔、树皮、树叶、布、皮、革等片状材料。这些材料极易获得、成本低廉、适应面广，以此创作出的剪纸样式千姿百态，形象生动，充满生活气息，受到广大人民的欢迎。民间剪纸以独特的艺术语言和质朴的风格反映出劳动人民的美好情感、理想和愿望。

剪纸刻法有阳刻，即以线为主，把造型的线留住，其他部分剪去，并且线线相连；阴刻，即以块为主，把图形的线剪去，线线相断；还有阴阳刻，即阳刻与阴刻相结合。剪纸也是一种民俗艺术，它的产生和流传同农村的节令风俗有着密切的关系。剪纸作为一种民间艺术，具有很强的地域风格（见图 6–15）。剪纸的三个流派为：一是南方派，代表为广东佛山剪纸和福建民间剪纸；二是江浙派，代表为江苏扬州剪纸和浙江民间剪纸；三是北方派，代表为山西剪纸、陕西民间剪纸和山东民间剪纸（见图 6-16）。

图 6–15　剪纸艺术

图 6–16　西北旅游工艺品包装

3. *皮影*

皮影戏在我国历史悠久，源远流长。其人物、动物造型概括洗练，装饰纹样夸张，是极具魅力的民间艺术代表（见图6–17）。

图 6-17　包装设计中的皮影艺术

4. 年画

年画始于古代的“门神画”，因其被赋予各种吉祥、喜庆之意，为中国民间所喜闻乐见，具有代表性的年画有苏州桃花坞年画和天津杨柳青年画。年画画面线条单纯、色彩鲜明艳丽、气氛热烈欢愉。年画艺术既开创了中国民间艺术的先河，同时也是中国社会的历史、生活、信仰和风俗的反映。

现代包装设计在提炼这些传统民间艺术风格元素的时候，应注意构成形式美的法则，在深化主题基础上达到形式与艺术的完美结合。图 6-18 为香港设计师陈幼坚设计的三款盒装茶叶包装，他娴熟地将年画这个民间元素运用于其中，视觉感饱满流畅，颜色艳而不俗。

图 6-18　包装设计中的年画艺术

5. 乡土材料

传统材料可分为：毛、皮、麻、木、藤等，各种材料的物理性质的差异可以体现不同的表现个性。

中国的包装设计有着悠久的历史文化渊源，具有自己独特的民族风格和审美意识，其形态与所用的材料因各个历史时期的不同而各具特色。人类自有历史以来，就开始使用天然材料做包装之用。原始人用兽皮包肉就已经形成包装的最初形态，到新石器时代，人们学会烧制陶器，可以说这是容器包装雏形。这种将传统包装的形式和内容达成高度和谐一致的做法，至今仍值得我们去思考和探究。

传统材料的应用必然有着传统的加工工艺，二者同时作为民族的元素采用于设计中，如民间刺绣、编织工艺、中国民间陶瓷等，内容相当丰富广泛（见图 6-19）。

图 6-19　乡土材料包装

图 6-20 中的这套包装设计以天然的竹筒为主要材质，青翠欲滴的质感、幽雅的东方意境、巧妙的品牌形象处理，凸显了“茶品”本身的文化特质。

图 6-21 中的茶叶包装用到了粗布、麻、手工刺绣、淳朴的材质和原始的加工工艺，突出了野生茶天然、纯粹的产品特性。

图 6-20　茶叶包装

图 6-21　野生天然茶包装

三、包装设计中中国元素的应用

中国悠久的历史和文化越来越受到世界的关注，同样也受到世界各国设计师们的关注，在他们的设计中也融入了大量的中国文化的元素符号，中国五千年的历史文化，是我们取之不尽、用之不竭的艺术宝库，我们要让历史文化艺术与今天的时代需求相结合，重放异彩。

在 2007 年国际大牌的一系列作品中，我们已经看到了中国元素。Marc Jacobs 设计了脱胎于中国传统“百家衣”的“百家手袋”；Calvin Klein 也毫不示弱，推出了千层底布鞋来呼应，黑色的布面、船样的外形，胶底白边以及鞋背处那一截宽松带，样子与中国传统的黑布鞋十分相似。另外，Sarcar 龙马精神系列主题就取自中国的成语，将龙和马融入设计中，设计出了有祥龙和骏马图案的两款手表。再有法国设计师，从中国宫廷建筑中得到灵感设计了上海大剧院，英国设计师又利用了中国宝塔的原型设计了上海金茂大厦。以上都是中国元素在设计上的应用，其实中国元素在2008这个中国年中的表现更是淋漓尽致，无论是时尚、平面还是建筑等，我们可以看到，中国元素正在以迅猛的速度席卷着世界各个领域。

（一）形体结构中的中国元素

我国的历史发展进程中留下了许多文物，这些文物可以作为具有典型示范意义的文化符号应用于产品包装设计之中，这就需要借用这些器物的形态，在外观形象上对其所蕴含的民族文化意味进行继承。比如，水井坊酒业用紫砂陶作为酒瓶原材料，体现了酒企文化的厚重（见图6-22）。

图6-22 “水井坊”白酒包装

（二）纹样装饰中的中国元素

中国传统纹样有着悠久的历史和辉煌的成就，它们题材广泛、内容丰富、形式多样，并且承载了某种寓意和内涵。早在几千年前新石器时代的彩陶上，先民们就开始运用图案来装饰自己的生活，利用装饰语言来表达对美的追求和向往。在包装的内容排版上，可将这些纹样图案作为一种具有特定意义或观念的符号，如蝙蝠象征幸福长寿，莲花和鲤鱼比喻连年有余，诸如此类的纹样可用在与节庆相关的包装礼盒设计中。同时，福禄寿图、脸谱、皮影、剪纸艺术等，反映了人与自然、社会的某种关系，具有超出感性形象之外的情感色彩。如某礼品酒的包装，巧妙地运用了中国古代青铜器的纹样为包装设计了“外衣”，尊贵奢华，配以当时的饮酒器“爵”作为赠品，可谓是相得益彰，其艺术感染力和中国风韵味十足（见图 6-23）。

图 6-23　“月影东方”产品包装

（三）色彩应用中的中国元素

在色彩运用上，中国人对于具有喜庆和尊贵意义的红色、黄色和金色等色彩比较偏爱。

这里的“拿来主义”不是指简单地生搬硬套，而是在设计中如何对传统形式加以提炼和升华，应注重意象与精神的双重运用（见图 6-24）。

图 6-24　包装设计中的中国色彩

第二节　系列化包装的视觉设计

一、系列化包装设计的概念

系列化包装是将一个企业或者一个商标旗下的不同种类的产品进行统一的视觉形象设计，这就需要抓住这些产品的共同特性，只有如此，才能使产品包装形成统一的整体美感和强烈的陈列效果，并且方便印刷和增强广告效果（见图 6-25）。

图 6-25　CIS 战略实施下的系列包装

二、系列化包装设计的形式

（一）挂式包装

挂式包装即利用空间悬挂的包装加上落地式 POP。它既展示了产品又彰显了品牌形象，营造了便利的销售气氛。一般小五金商品、文具类、眼镜类、领带、袜子、药物、电池、巧克力等重量较轻并有小包装的商品常选用这种方式，也有用透明硬塑成型套在商品上的吊挂。这种方法既可宣传商品、突出商品，也可节省销售场地。

挂式包装的结构形式可分为单独悬挂和连续悬挂展示销售，前者多用纸与硬塑料压模而成，后者为开口包装盒（见图6-26）。

图6-26　挂式电池包装

（二）POP式包装

POP（Point of Purchase）包装是POP广告的一种特殊形式，凡是在购物点带有广告宣传性的商品包装，即为POP包装。

POP式包装设计首先力求醒目，即具有吸引消费者视线的魅力。设计应鲜明突出地表现商品名称、标志、图形、文字和色彩，使整个画面富于装饰性，跃动感强，给人以深刻的印象，其目的在于强化消费者对商品和商标形象的记忆。其次，包装要饶有趣味，除图形、文字等要有趣味之外，更重要的是必须简明地表达商品的特点、优越性、用途及使用方法等，从而引起人们对它产生强烈的兴趣。最后，POP包装可以直接在销售点通过包装本身的“广告牌”配合商品实物进行宣传。制作不仅仅局限于纸张，也可用于塑料、金属材料、木板、纺织品等复合材料。

（三）透明式包装

透明式包装即包装用透明材料如塑料制成。透明式包装能够满足顾客心理上对商品的质量、花样、色泽等方面的要求，提升消费者对产品品质的满意度和信任度（见图 6-27）。

图 6-27　透明式五谷杂粮包装设计

（四）其他形式包装

1. 等级化包装形式

产品有不同等级，等级不同，成本不同，其价值也不相同；即使是同一种产品，等级不同，其品质和价值也不同。企业针对不同收入层次、不同年龄阶层消费群体的需求特点，制定不同等级的销售策略。不同质量等级的产品分别使用不同等级包装，表里一致，高档产品采用优质包装，普通产品采用经济实惠的普通包装。等级化包装策略既降低了成本，又扩大了市场份额。

2. 分众包装形式

“分众”是建立在性别、年龄、可支配收入、职业和购物习惯等方面具有差异的基础上的包装设计。这种形式针对儿童、青年、男性、女性等不同群体，并按照年龄和职业细分，根据消费的不同受众群采取不同的包装设计形式。

3. 便利性包装形式

从消费者使用的角度考虑，在包装的设计上采用便于携带、开启、使用或反复利用的结构特征，如手提袋、集合式、拉环式、按钮式、背包式、撕开式等便于开启与携带的包装结构等。另外，通过便于消费者选购商品，适应现代的零售方式即自助式的购物方式，使用悬挂式、展示形态的包装设计，以此来赢取消费者的好感，促进商品的销售。

4. 再使用包装形式

再使用包装可分为复用包装和多用途包装。复用包装可以回收再使用，如运输包装的集装箱、周转箱、汽水瓶、啤酒瓶等。复用包装可以大幅度降低包装费用，节约成本，加速和促进商品的周转，减少环境污染。多用途包装在包装内的核心产品使用后，其包装物还可以用作他途。比如，用瓷制的花瓶状酒瓶，酒饮完后还可以当作花瓶来使用；还有用手枪、熊猫、老虎等造型设计的容器来包装儿童食品，食品吃完后，其包装还可以做玩具，因此备受小朋友的欢迎。设计新颖、吸引力强、具有明显使用价值或欣赏价值的再使用包装，顾客通常是非常愿意购买的。重复购买可加强消费者对商品的印象，无形中起到促销的作用，如图 6-28 中的葡萄酒包装设计很巧妙，以传统书法卷轴来包装葡萄酒，酒饮完卷轴还可以用来欣赏。

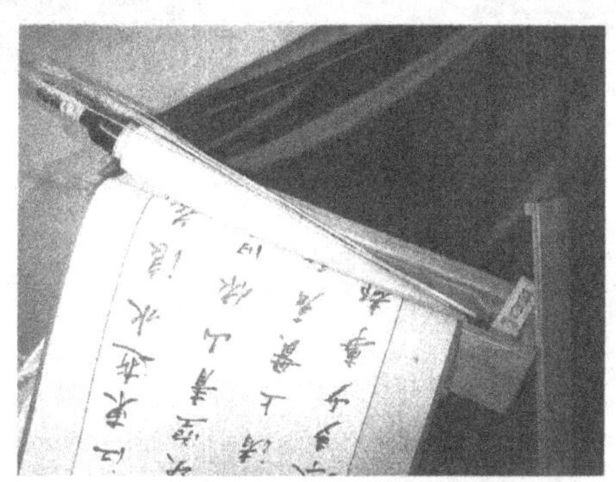

图 6-28 传统卷轴包装形式

第三节 礼品包装的视觉设计

中国人崇尚“礼尚往来”，送礼文化成为中国文化的一个重要组成部分。在礼品选择上，人们不仅喜爱选择那些与吉庆快乐、温暖有爱的礼品，也更倾向于具有装饰性和艺术性的礼品包装。高档的礼品包装更受人们的欢迎。因而礼品包装应具有个性和创意，在形式上也应该美观，体现送礼者的品位及涵养，同时包装还要有良好的保护产品的功能（见图 6–29）。

图 6–29　礼品包装设计

一、礼品包装中的情感表达

（一）以色传情

色彩是最富有表情和具有强烈的视觉吸引力的艺术语言，能激发人们连锁性的情感反应。纵观中国色彩的历史文化脉络，红色、黄色等暖色系的颜色，所散发出的喜庆、吉祥、繁荣、希望以及尊贵，以一股强大的亲和力和生命力深深地根植于中国传统文化观和审美规范中，被人们深深喜爱。在礼品包装设计中，设计师经常巧妙地利用这种色彩情感规律作为重要的用色依据，特别在一些节日、婚庆的礼品包装中大面积用红、黄、紫色高纯度的搭配出强烈的视觉效果，不仅渲染出喜庆的节日气氛，还弥漫着浓郁的中国文化，达到以“色”传“情”的目的。

图 6-30 中的文化礼品包装以鲜艳的中国红为主色调。设计师一反传统思路，采用透明的现代材料和压花工艺，配合从传统文化中抽离出来的装饰元素和手工艺部件，形成了现代气息和传统韵味和谐共存的视觉效果。

图 6-30　文化礼品包装设计中的“色”

（二）以形达意

形与色一样可以引发人们的心理反应，是实现礼品与人之间情感交流的重要途径。形有多种多样，包括图案、纹样、文字以及造型等。譬如，在我国民间，图案题材广泛，内容丰富，形式多样，刺绣、蜡染、剪纸、皮影等传统图案总是将生动的形象和人们美好的愿望结合在一起，寓意着吉祥如意，常常用作礼品包装的一种装饰手法来传达感情。例如图 6-31 中，以不种形态表现的彩色丝带和“结”组成的各种图案，“结”的运用使人联想到“友谊结盟”“永结同心”。“鸳鸯戏水”“龙凤吉祥”用在婚庆包装中通常表达夫妻和睦相处的美好爱情。“榴开百子”寓意多子多孙、家庭兴旺。“鱼”与“余”同音，比喻生活富裕，家境殷实，春节吃鱼称“年年有余”。

图 6-31　礼品包装的形

二、礼品包装中“度”的把握

礼品包装是一种特殊的包装，作为一种传情工具和品位象征，其内涵远远大于礼品本身的价值。在中国传统文化影响下，礼品包装追求档次的程度高于一般的商品包装是可以被接受和理解的。但凡事都讲个“度”，市场上的许多礼品商家往往使用奢侈、华丽的包装来抬高礼品的价格，此不良之风曾一度盛行。过度包装不仅需要消耗大量资源，造成环境污染，更是对淳朴民俗民风、馈赠文化的一种误导，也纵容了浪费和奢侈消费的污浊之气。“超豪华”包装中，最为我们熟悉的莫过于中秋佳节的月饼礼品包装设计，其包装可谓是“花繁锦簇”， 古色古香的木盒、精致美观的绸缎、华丽无比的皮革等，打开层层包装往往只见几块月饼浅浅地躺在硕大且考究的礼盒之中。

“贵”不是衡量礼品价值的唯一标准，包装的高档与否也不是决定品位的标准。我们应该摒弃奢华的礼品包装之风，提倡简约、绿色环保的礼品包装观念，中国自古就有“千里送鹅毛，礼轻情意重”的说法。礼品本是传达感情和表达祝福的媒介，不在乎贵重，更不在乎包装的华丽程度，而在于让对方感受到你真诚的心意。

第七章　包装设计趋势

包装设计经过漫长的发展历程，设计素材、设计手法等都有了很大的丰富和精进。除此之外，由于市场的需要，包装设计的发展方向更是跟随人们的需要而不断变动的。

第一节　绿色包装

一、绿色包装设计的概念与内涵

“绿色包装”是指对生态环境和人体健康无害，能循环利用和再生利用，可促进国民经济持续发展的包装。也就是说，包装产品从原材料选择、产品制造、使用、回收和废弃的整个过程均应符合生态环境保护的要求。它包括了节省资源、能源，减量，避免废弃物产生，易回收复用，再循环利用，可焚烧或降解等生态环境保护要求的内容。绿色包装的内容随着科技的进步，还将有新的内涵。

绿色包装一般应具有五个方面的内涵：一是实行包装减量化（Reduce），即包装在满足保护、方便、销售等功能的条件下，物料使用量最少；二是包装应易于重用（Reuse），或易于回收再生（Recycle），通过生产再生制品、焚烧利用热能、堆肥化改善土壤等措施，达到再利用的目的；三是包装废弃物可以降解腐化（Degradable），其最终不形成永久垃圾，进而达到改良土壤的目的；四是包装材料对人体和生物应无毒无害，包装材料中不应含有毒性的元素、病菌、重金属，或这些含有量应控制在有关标准以下；五是包装产品从原材料采集、材料加工、制造产品、产品使用、废弃物回收再生，直到其最终处理的生命周期全过程均不应对人体及环境造成危害。

二、绿色包装设计流程

绿色包装设计流程如图 7-1 所示。其设计过程以被包装产品与客户要求为出发点，以绿色设计目标作为依据制定包装绿色设计方案，然后在绿色设计准则的指导下，运用绿色设计方法进行包装设计。在进行包装设计时，应对多个方案进行比较，经过全面量化分析，选择最优设计方案投入生产使用。

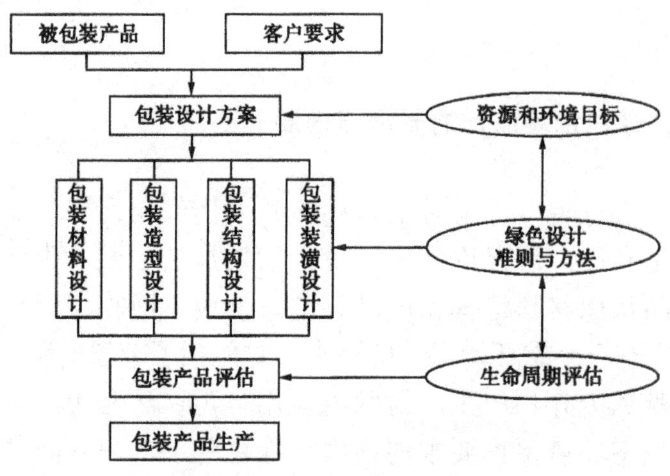

图 7-1　绿色包装设计流程

绿色包装设计原则及主要内容如下：

① 研制开发无毒、无污染（包括材料的自身生产过程）、可回收利用、可再生或降解的包装原辅材料。

② 研究现有包装材料的有害成分（如泡沫快餐盒的 CFC）的控制技术与替代技术，以及自然“贫乏材料”的替代材料（如以塑代木、以纸代塑等）。

③ 优化包装结构，实现包装减量化，减少包装材料消耗，节约资源。包装三大功能中最主要的是保护产品不受损坏，防

止产品在装卸、运输时受损或在储存过程中流失、变质。在能达到上述要求的情况下，尽量简化包装，减少包装废弃物的产生源。

④ 加强包装废弃物的回收处理，主要包括可直接重用的包装、可修复的包装、可再生的废弃物、可降解的废弃物、可被填埋焚化处理的废弃物等。

三、绿色包装设计方法

（一）包装材料的选择

设计人员在进行包装设计时，应尽量选用无毒无害的、可降解的、环境负荷小的包装材料，如有毒有害材料的替代材料、环保油墨、可降解新型塑料、可食性包装膜、纸包装、竹包装等。

1. 有毒有害材料的替代材料

应用新型环保材料代替泡沫塑料，如对电子产品的包装采用可天然降解的植物纤维缓冲包装材料替代原先使用的PE-LD防震包装材料。替代后包装的缓冲效果并无明显下降，但新包装的环境性能有了显著提高。

2. 环保油墨

印刷中的油墨含有铅（Pb），对环境及人体都有不同程度的影响，因而采用新型环保材料来研发和配置环保型油墨刻不容缓。目前，已经被用到的环保型油墨主要有水性油墨、UV油墨和水性UV油墨三种。

3. 可降解新型塑料

可降解新型塑料由谷物合成的塑料——PLA聚合物材料生产的水杯不需要进行任何处理，可以与食品垃圾一道废弃。该杯子可和食品垃圾一起降解成水、二氧化碳和有机物；玉米淀粉树脂是由玉米经塑化而成的，可以制成多种一次性塑料用品，如水杯、塑料袋、商品包装等；用粉碎的草莓秧制成的食品包装薄膜可防止氧化，以达到食品保鲜的目的，这种薄膜可自然分解，符合环保要求。此外，还可将变质粮食、甘蔗渣、麦草、报纸等废弃物加工成各种各样的防震减压材料。

4. 纸竹包装

纸竹制品无毒、无污染，使用后可回收利用。

目前，国内外正在研究和开发的纸包装材料有：纸包装薄膜、一次性纸制品容器、利用自然资源开发的纸包装材料、可食性纸。我国是木材缺乏的国家，发展纸包装主要用芦苇、竹子、甘蔗、棉杆、麦秸等替代木材。竹包装有竹胶板箱、丝捆竹板箱等。

（二）MET 矩阵

MET 矩阵代表材料循环（Material Cycle）、能源使用（Energy Use）和毒物排放（Toxic Emission）。MET 矩阵可以帮助项目组分析包装品生命周期各个阶段（垂直）和包装品的各种环境影响（水平）。利用 MET 矩阵可定义包装品环境状况，定义包装系统的边界，进行需求分析和产品分析（包含产品功能、优劣势、产品能量消耗）。需求分析中要考虑产品如何实现功能、同样功能是否有更有效的方式实现核心问题，如表 7-1 所示。

表 7-1　MET 矩阵

生命周期阶段		物质材料投入，产出（M）	能源使用投入，产出（E）	毒物排放（T）
材料和零部件的生产和供应				
本厂内生产				
分销				
使用	运转			
使用	服务			
系统终结	回收处置			

在应用中，MET 矩阵包括以下内容。

（1）物质材料栏

列出生命周期中使用的物质材料，生产过程中使用的不可更新或产生污染排放的材料，在生命周期中不兼容的材料，未充分使用或未再利用的材料均应包含进去。

（2）能源使用栏

列出生命周期中能源的消耗，包括包装品本身的能源消耗及运输、更新等的能源消耗，使用能源产生的耗散气体。

（3）毒物排放栏

列出生命周期中排到土壤、水和大气中的有毒物质。

（三）优化包装结构

在满足包装基本功能要求的情况下，通过对包装结构的优化设计，尽量使包装减量化，减少废弃物的产生源，避免过度包装。

1. 结构优化设计

对包装礼物所需最少包装纸面积，英国一学者推出的计算公式为：

（2L+2H+X）×（B+2H）

式中，L 是礼物的长度，H 是高度，B 是宽度，X 是包装纸重叠的长度。

2. 包装盒采用连体式设计

连体式设计可一次成型，避免包装盒的铆接或黏结。

（四）包装品的回收再利用

包装品回收再利用是绿色包装的主要内容，是包装设计必须考虑的重要环节。

四、PC/104 Module 绿色包装设计实例

本案例以中国台湾研扬科技公司计算机包装的绿色设计为例，说明包装产品的绿色设计过程。该公司在设计和生产的过程中一直执行“3R（Reuse，Recycle，Reduce）方法”的政策，以预防污染的产生。绿色设计已是公司现阶段及未来的发展方向，公司开展计算机包装绿色设计的目的在于：

① 建立产品包装材料的绿色设计核查表，并将其纳入管理系统中；

② 针对现有包装材料提出具体绿色设计策略，作为包装设计的依据；

③ 通过绿色设计效益分析，了解绿色设计前后产品环境性能及成本的差异性。

（一）设计对象的选择

以 PC/IIM Module 机型的包装作为研究对象，研究范围包括 PC/104 Module 的初级包装、二级包装与三级包装。PC/104 Module 的零部件用 PE 塑料袋进行初级包装，放入二级包装盒内，再根据用户的订购数量，将 PC/104 Module 放在三级包装中交给用户。

（二）产品的基本资料分析

由产品设计人员与绿色设计专家对产品基本资料进行分析讨论，基本资料包括 PC/104Module 各级包装的尺寸、规格与数量等。

根据研扬科技公司提供的基本资料，经过分析，提出绿色设计的初步建议如下：

① 若无特殊要求，建议包装袋的尺寸规格应尽可能简单化。例如，包装材料编号 A510 与 A210，两者尺寸相近，厚度与质量也相当，而 A320 与上述两种包装材料尺寸相当，只是厚度不

同，建议三者采用统一规格。

② 若无特殊要求，二级包装的外盒材质由白纸板改成瓦楞纸盒。

③ 考虑印制油墨本身是否含有限用物质，建议上游供应商提供相关验证资料。

④ 考虑抗静电气泡袋的主要添加剂是什么，是否含有对环境有所影响的物质。

（三）核查总量（清单）的建立

根据以上建议及实际情况，确定核查清单如表 7-2 所示。

表 7-2　PC/104 Module 绿色设计核查清单

检查分类	检查项目	必须检查	建议检查
包装减量设计	包装能否重复利用		√
	包装体积是否减至最小		√
	是否使用可回收的包装材料	√	
检查分类	检查项目	必须检查	建议检查
包装回收设计	包装是否有良好的回收渠道		√
	能否减小包装质量		√
	可否批量包装（避免小量、个别包装）		√
	能否减少包装层数	√	
	能否使用模压标签取代纸或塑料贴纸标签		√
	能否避免使用标签、涂料等可能妨碍回收的材料	√	
	是否使用单一材质	√	
	包装能否用作其他用途		√
包装安全设计	要填埋的包装材料尽可能使用生物可降解材质	√	
	能否避免使用油墨、染料、颜料、黏合剂、重金属	√	
	包装材料是否为易压缩设计以减小最终处理体积		√
	是否为消费者提供了包装的相关性能说明		√

五、低碳环保包装设计

（一）低碳环保型包装的概念

20世纪现代大工业生产给人类带来大量的工业废弃物，引起全球性生态环境恶化。人们既希望有大量功能与形式完美结合的各类新产品，又期望拥有一个良好的绿色环境。但是，丰富的物质生活所产生的大规模废弃物，不同程度地影响和破坏着人类的生态环境。在能源短缺的21世纪，随着现代工业的高速发展，工业品包装将大量生产，大量消费，随之而来的是资源枯竭加速和大量废弃物增加。随着2010年的十一届全国人大三次会议第四次全体会议中“低碳”成为热点，节能环保包装设计也成为一种新的设计理念与技术方法渐渐确立，在这种情况下，一种低碳环保型包装（Low Carbon PacRaging）便在近年应运而生。

自从低碳经济为公众所知，“低碳包装”这个语汇很快就出现在中国的媒体上，但是对“低碳包装”的科学含义却少见严格的界定和阐释。在西方的文献中，与“低碳包装”对应的词汇大约是Low Carbon Packaging，经初步的检索，西方文献中也少有对这一概念的系统阐释。“低碳包装”是由低碳经济衍生出的一个概念，因为低碳经济涵盖生产、交换、分配和消费在内的社会再生产全过程，所以在低碳经济体系之内，就包含着“低碳包装”这个低碳经济系统的子系统。为严谨起见，我们可以将“低碳包装”定义为“低碳经济条件下的包装”，或“符合低碳经济规律的包装模式”。因为目前还难以确定包装可以直接具有增加碳汇的功能，所以“低碳包装”亦即以节能减排为权衡标准的所有包装活动。Low Carbon Packaging研究人类生态、低碳环境发展和产品包装三者之间的关系，它是大工业生产、商业竞争和人类重视和关注自我的必然结果。Low Carbon Packaging至今为止尚没有一个明确的定义。1994年，在全美包装信息研讨会上，有学者认为Eco-packaging，即用低碳材料生产的产品包装，也有学者认为用低碳的观念设计产品包装（使用经济型材料）。不管如何解释，其本意均是指产品包装设计，应对资源和能源消耗最少，对生态环境影响最小，回收再生利用率最高，既经济又利于生态环境的平衡。对于包装界这一材料消耗大行业而言，称“低碳环保型包装”较妥。近年来，围绕Low Carbon Packaging这个低碳环保型包装主题，国际间进行了广泛的探讨。1994年在筑波日本科学城召开的国际生态平衡大会，1995年国际自然保护协会（IUNMS）的环保用品国际会议，重点研讨了Eco-packaging问题。与会学者对Eco-packaging进行了认真的研究、分析、评价和市场预测，获得了颇有价值的结果。例如，在包装设计中使用再生材料的问题上，既考虑了节约资源，也考虑了降低能耗、减少环境污染、节约人力财力、提高产品质量，只有这样，包装废旧材料的再生才是经济型的，有价值的。

（二）低碳环保型包装的出现

低碳环保型包装是一个指导性的原则，其目的是防止产品包装在生产、运输、销售、使用、丢弃、处置时对环境产生危害，在整个商品流通活动中既保护自然资源又保证包装的良好性能。很明显，低碳环保包装与传统包装明显不同，它是赋予传统包装功能材料在生态环境下保持优化、协调性的一类新型包装。保护生态环境符合人类认识自然的规律。在生产力低下的时代，人类为摆脱环境的约束桎梏求生存求发展，把保护人类和征服大自然作为首要任务，大量开采和生产人类必需的各种材料。如今，人类对自然环境的开发和工业生产已导致了严重的环境问题，人们方才认识到自然环境的重要性，进而确定了保护自然、保护环境的思想，低碳环保型包装的提出是顺应人类自然发展这一时代潮流的。最近几年出现的低碳环保型包装主要有：德国一位工程师发明了一种由淀粉做成的盛装奶品的包装杯，这是一种几乎毫无垃圾的零度包装，包装杯遇流质不会溶化，无毒且可给宠物食用，单就德国而言，每年可节约560万吨塑料，并且少产生400万吨垃圾。

米特兰化学公司研究成功的一种由淀粉与合成纤维合成的胶袋，可以在大自然中分解成水及二氧化碳。这类也几乎近似零度的包装，易化解成大自然的一部分，不会制造破坏环境的垃圾。Auerco公司研制的一种减少氧增加氮含量具有空气调节性能的新型包装箱，这种包装有一层特制的薄膜，薄膜纤维能够吸收氧分子而让氮气通过。这样在空气通过薄膜进入包装箱后，箱内氮气含量可高达98%以上，从而使空运中的果蔬的呼吸作用减慢而达到较长时间保鲜的目的。

Minigrip公司设计的一种带拉链的实用性强、保质性好、可多次开封的速冻软包装袋，这种有效、经济、卫生、使用简便的包装新产品，除拉链外，有一首次开封标记，可随意开、封，避免以往未食用完开口袋子不便保存的弊端，保持了食品的维生素、盐和各种味道，是一次速冻食品的包装革命。

Evian天然矿泉水推出的一款全新的塑料瓶设计，这个15升塑料瓶的PET含量减少了14%，瓶身旋转式的设计易于用后折叠弃置，不会影响本身的耐用程度和品质。这种方便回收塑料瓶包装的天然矿泉水在法国销售后，现正逐渐被引进北美市场。

德国、瑞典和瑞士开始使用聚碳酸酯（PC）制作的牛奶和饮料的包装容器。PC材料结实耐磨、无嗅无味，并且不会被牛奶侵蚀，强度高，瓶壁薄，重量轻，节省原材料和能源，可使用50次以上并且完全回收，包装成本低，符合有关方面对包装容器的各项要求。

Mirrex公司生产的7002ESD抗静电硬质PVC薄膜，适用于透明托盘、抓斗的包装，这种薄膜表面电阻和静电衰变较小，可作为食品包装用的高屏蔽性膜。经巧克力、速溶粉的包装试验，与纸、铝复合包装物对比，优势在于产品的折叠处不存在破裂导致屏蔽性能失效的现象。日本山琦公司开发的T-CA特种瓦楞纸箱，该箱具有简易气调（AC）功能，能抑制蔬菜水果的水分蒸发，而且耐湿、强度高，在蔬菜水果运输贮存过程中，起到很好的保鲜作用，成为当前流行的实用保鲜包装。

Sigma Nex公司设计制造一种防易碎品破碎的包装，该产品采用二层阶梯形的弹簧结构，用热塑性塑料制成，经久耐用。产品附有新型震动指示器，可以测出商品在运输中被碰撞情况，提醒人们注意及时进行调整，避免发生事故。震动记录器按时测量记录碰撞力，正确指出碰碎商品的准确时间。

全美主要冷冻食品制造商开始用纸塑托盘代替CPET盘包装冷冻食品。这种纸塑托盘可100%被回收，它所用的原材料是一种白色混合的回收物，包括包装牛奶用的废纸盒，包装用的纸废料和纸屑。纸塑托盘可放入烤箱。

英国Sideawen公司开发的一种由蔗糖、淀粉、脂肪酸和聚酯组成的，可食用的水果保鲜剂。它喷涂于苹果、柑橘、西瓜、香蕉和西红柿等果蔬表面，形成一层密封膜，能防止氧气进入果蔬内部从而延长了果蔬变化过程，并可同果蔬一起进食，保鲜期可达200天。

（三）低碳环保型包装的特征和功能

随着现代科技的迅猛发展和商品竞争的日益加剧，产品的包装设计在商业销售中更显示出空前的功能性和重要性。据业内人士分析，国际上低碳环保型包装设计一般有以下特征和功能：

一是生态环境保护功能。低碳环保型包装最基本功能在于保护产品在运输流通过程中最大限度地免遭挤压或碰撞损害以及减少虫子、气候、温度、干燥等自然因素对产品的侵蚀，同时也为储存空气问题提供解决方法。

二是传递生态环保信息。低碳环保型包装设计应使消费者容易明了其产品性质、使用方法以及何处开启包装。此外，在食品、药物、化学试剂及一些特殊产品的包装上应明确标注其使用日期、范围和必须注明的有关事项。

三是生态环保心理感应。要求通过包装表面或打开包装的刹那间感受到传达给顾客某种设计者所刻意表现的意境，如追求新颖、奇特、自然流畅的现代意识，或是追求高贵华丽的豪华风格，或强调清洁而安全的精美品味等。

四是低碳环保形象的识别。低碳环保型包装设计应建立产品的低碳环保形象识别体系，能充分显示出产品的特点，从而有效地树立低碳环保形象并扩大销路；根据国家和地区的特点，低碳环保型包装外表应适当突出包装低碳环保的功能和使用方法，做醒目的低碳环保识别标志，使消费者不细看内容，也能对包装的低碳环保特征有所了解，令人有新鲜、亲切或安全的感受。

（四）低碳环保型包装的设计方法

对产品包装的生态环境保护设计而言，一方面要不断开发新材料、新工艺，更重要的是要改进设计，使新材料、新工艺得到合理的开发和利用，同时研究新的生态环境保护方法、开发各种生态环境保护评估系统的计算机软件，建立低碳环保型包装的信息数据库，并进行国际联网实现国际包装信息产业化，促进包装材料开发、包装设计以及包装产业信息化，实现环境协调目标，达到保护人类生态环境的目的。另一方面，要研究各种方法来处理包装与制造污染的矛盾，其中一个比较理想的办法，就是采用零度包装，这是一种不制造任何垃圾的包装方式。一个很古老的蛋皮包装方式是雪糕筒，孩子们买了雪糕，同时蛋筒也可以吃。但这种蛋筒美中不足的是能装载雪糕的时间很短，雪糕融化了，蛋筒也会被浸破。其实，为了节省资源及保护环境，一些古老的方法往往还是最有意思的。21 世纪初，孩子们为母亲买酱油等调味品，就是拿瓶或碗去买的，可省掉包装上的浪费。这方法古老变为时尚，PROCTER.GAMBLE 公司在德国推销的洗衣剂，如今可以旧瓶补装，而且这种方法在出售洗衣粉、洗洁剂及牛奶方面已经开始盛行，推行补装的方法还可以节省一部分开支。新兴的低碳环保型包装得到了环保组织、科技工业界的普遍关注。国际标准化机构的专业委员会（ISO/TC207）已开始进行环境标记国际标准化和环境对策工作，制定了按环境监制标准对企业进行环境保护审查的有关条例，这极大地提高了低碳环保型包装的地位，增加了人们对生态环保的重要性、必要性和紧迫性的认识。包装界和各有关部门应强化生态环境意识，加强对 Eco packaging 研究工作，一方面改造现有包装材料，使其与环境有良好的协调性；另一方面开发新型包装材料，使其同时具有良好的综合功能和环境协调性，执行“绿色产品”或“环保产品”的标识制度。

（五）低碳环保型包装材料研发

现代包装设计根据保护生态环境的观念，还有许多尚待研究解决的技术问题。如陶瓷包装容器废弃后难以分解再用；金属包装容器再生利用时难以除去杂质元素；塑料包装废弃后一般难以降解，而高温焚烧处理会产生大量的有毒气体；复合包装的组成较为复杂不可能进行单项处理；发泡塑料餐盒遍地抛弃也形成严重的白色污染，等等。因此，开发新型的低碳包装是时代赋予的责任。从保护人类的生态环境出发，研究包装的材料、结构、工艺、物化性能和特种功能、与环境协调性之间的相互关系，是低碳环保型包装研究的主要内容。这里，第一是对低碳环保型包装材料的开发、应用、再生过程与生态环境间的相互作用和相互制约的研究。比如，人类对包装的需求引起生态环境的变化及变化规律，环境污染对人类生存所需包装的质量和数量的影响，能保护生态环境的包装材料的范畴，从生态环境出发的无毒无污染新包装材料研究等。第二是对低碳包装的应用研究，如清洁的、无污染的包装材料（含原料）的生产方法、加工工艺和制造技术，废弃包装材料的综合再生利用的新技术新工艺，现用包装材料有害元素和有害成分的控制技术和替代技术，自然环境中“稀有材料”的替代技术等。第三是对低碳环保型包装的评估系统研究，亦即自然环境与包装相互作用相互制约以及自然环境对低碳包装的设计、制造、应用如再生过程的负担程度方面的研究。

低碳环保型包装仅仅是低碳产品领域里的一个组成部分，由于产品包装的生态循环周期较短，更加引起了社会环保部门的重视，因此，一些国家和地区对低碳环保型包装进行了大量的研究工作。

（六）低碳环保型包装的发展趋势

低碳环保型包装的出现只有几年的历史，但一些发达国家在这方面开展了大量工作，对低碳环保型包装的容器、材料、结构和利用等进行了大量的研究。例如，对 HDPE 食品包装袋的研究表明，制造 1 万个食品袋消耗能源 52GJ，排出大气污染物质 78Kg，水域污染物质 8.6Kg，固态废弃物 8.1m，比纸包装制品高出 1.5 ～ 10 倍。准确的数据定下了塑料食品袋的“终身”，这也是禁止使用塑料包装的原因，其中 PVC 是第一个被淘汰者。因此，包装设计光靠经验设计是不行的，至少应是经验设计和科学设计相结合的产物。

低碳环保型包装涉及的内容主要是范围非常广泛的包装材料，它包括金属材料、非金属材料、高分子材料、天然材料、复合材料以及传统和新颖的各种材料。从环境的角度出发，研究包装材料的合理性能、物化性能和特殊功能，制定低碳环保型包装材料的生产标准和低碳环保型包装标准，是一项非常重要的任务。新的标准不仅考虑材料的构成成分、加工工艺、物化性能和主要用途，最重要的是要降低环境负担，研发高性能、多功能、低负担的新包装材料。低碳环保这一主题，无疑是 21 世纪包装材料和包装设计研究的重要方向。

第二节　适度包装

一、适度包装设计的概念

优秀包装设计的主要目的还是吸引消费者的注意，包装给人的视觉印象已经成为决定产品的零售市场上成败的一个日益重要的关键因素。优秀的包装设计还必须易于识别，同时应该可以在不同媒体上发挥宣传作用，最后它还必须能够触动消费者的情感。

直至今日，建立一种绿色的姿态不是什么新潮流，在此进入设计包装领域之后，随之带来了简约这一主题，比较生态活力的果汁瓶子和装浓缩柠檬果汁的瓶子，发现它们的区别了吗？大多数设计师都同意“少则多”这个概念在包装设计中的主题地位。远离“过度包装”，慢慢转向单纯、简约和直白的设计。

在现代社会中，我们每天都在见证产品之间日趋激烈的竞争，包装设计不再仅仅是一种技术，已经在越来越高的消费者需求和日益激烈的市场竞争的促使下发展成为一种复杂多变的文化过程。因此，许多企业将发展新的包装设计作为提升企业品牌价值的一个重要战略途径。

包装设计的发展转变的过程，看似是设计师在创造，而消费者逐渐接受的过程，但消费者生活观念和价值观的转变才是设计师创造新包装设计的动力和基础，当我们看到越来越多的“简约包装设计”“适度包装设计”出现在市场中时，这正说明消费者关心的是资源回收、生物动态和一个更加美好的世界。在时代推动下，适度包装设计无疑成为更胜一筹的趋势。

我们每天都在使用、购买和扔掉产品的包装。虽然消费者不一定意识得到，但是永无止境的新包装设计的发展离不开他们的选择，比如，看一眼自己的房间，为什么只要看到一直放在床头的那瓶香水包装就好像能闻到那股代表自己的香味？为什么偏偏会一直在使用一种品牌的沐浴露？客观地看待这些包装，消费者其实就是在选择适合自己的设计，这些选择同样也在体现着人们生活的状态。常说包装设计是我们生活非常重要的一个部分，那就是为什么曾经有人把包装设计描述为“一个能够成为非常有价值的营销工具的特殊容器”。

准确地说，设计过程中关注的“适度”和设计结果所呈现的“简约”并非具有必然的联系，如果面对一款面向高端市场的奢侈品，适度包装会强调在统筹产品销售策略定位的同时，设计出既符合消费者生活观念又不过度消耗自然资源的包装，而其结果也许是复杂多变的，并非一味追求简约包装。其实，两者对比，适度包装始终还是站在一个更高的角度思考包装，结果并非要求成体系和模式。但是在概念上，它提出了“适”和“度”的人性化思考角度，这是代表着包装设计走向了一个“量身而定”的时代。

在包装设计发展的过程中，简约包装设计的确为人们的生活带来了不小的启示，从繁到简，这使得人们逐渐放低了“人定胜天”的高傲姿态，也形成了“此时无声胜有声”的极简观念，甚至人们习惯性认为某些越简约、越体现天然材质的设计所代表的产品就越高档。简约形式的包装设计发展到现在，也开始出现“形而上”的惯性发展。因为毕竟始终是在强调设计形式和结果，所以一味追求结果极简，而忽视了包装设计最终还是融于销售和市场，服务于消费者，这个过程中出现了很多缺少人性关怀的结果。这也是一种“失度”包装，其设计的结果经不起市场和消费者的考验，也是不能称为“适度”的包装设计。

既能充分地体现出产品的特质和价值，又能用最适合和安全的材料和设计更好地服务于人们的生活；不仅要满足少数人生活观念和自我气质吻合，更需要结合多方面因素长远考虑包装使用过程的合理性和可延伸性。在日益复杂的各种价值观的

“尺度”中，包装设计的目标并非最美的结果，而是需要作出最对的取舍。

二、适度包装设计的基本问题

过去，在国内学院体系中，包装设计是属于装潢艺术设计的课程内容，如今，装潢艺术设计或者平面设计已被“视觉传达设计”这一名称所取代，而现在视觉传达设计在西方世界的学院中也被改名为交流设计，这个过程似乎也在说明着设计的功能与目标决定设计的形态与服务形式。而包装设计，它们的目标多种多样，但是最主要的还是直指市场和商业。

20世纪著名的商业思想者彼得·德鲁克认为商业具有两种功能——营销和创新。包装这一行为一直发展到现在，离不开商业和市场而存在。在商人眼里，本质上说包装是一种营销工具，是受众在购买产品之前所看到的最后的营销信息。如果产品放在零售商店销售，那么衡量产品是否成功就需要关注销售额和受欢迎程度等市场数据，而这些也同时关系到包装设计的成功与否。在消费者眼里，拿起每一件商品时，包装就是他们手中产品最直白的自我介绍，无论是从视觉传达，还是触觉传递出的信息，立体而真实地展示和宣传着其中承载的产品价值。而在设计师眼里，包装是一种载体，也是建立于商人与消费者之间的语言，内容必须真诚，而方式更需要考虑时刻变化的环境和市场。

这样一来，细心体会，包装设计所蕴含的智慧和所体现的概念都是在解决这样一个问题——如何在纷繁复杂的“无形市场”和“有形市场”中吸引受众，取悦受众，甚至影响受众，同时实现完美的销售成果。

当面对市场上现有的各种包装时，不难发现各种类型的商品和品牌面对不同的受众消费群，越来越细化的市场使得包装设计要考虑的因素越来越多，同时，包装从保护、使用、遗弃。

直至再利用整个过程中的合理性和多样性也逐渐被关注，这使得包装设计从整体定位，逻辑策划，直至细节整合，事无巨细，都要考虑到位。

适度包装设计从被提出发展到现在，其实面对的最大也是最基本的问题正是包装市场化和创新实验性的平衡。

可以发现，无论是社会中设计工作室里的工作项目，还是各国学院中开设的设计课题，都为适度包装的开发和探索带来了很多实践成果，很多具有前瞻性和先锋性的设计被呈现出来，这使得适度包装在很多方面和角度都有所拓展，但是这些新的包装设计如果需要投入到市场或者成批量的生产线中，还会面对很多现实问题。例如，有些再利用材料在成批包装运输中是否有很好的抗压保护性，有些新包装所考虑到的包装使用后的延展利用设计是否会增加其成本，有些超前特别的设计在短时间内是否很难被消费者所接受等问题。由此可想象，每一个包装设计从设计样品到大规模生产出来进入市场，其中也会因为提高效率或者减少成本等原因面临很多取舍，一些新的适度包装设计在观念上可能会超出消费者当前的认识，很难在短期内赢得市场，因此面临推翻或者改动。不少优秀的适度包装设计要完成商业化、市场化的转变，还有很长的一段路要走。

第三节　人性化包装

一、人性化的多用性包装设计

包装是一种重要的营销工具。它有着吸引顾客注意、描述产品的功能特色、推销公司的营销文化等功能。而且，随着品牌意识的提高，消费者越来越信任做工考究的精美包装。然而，目前市场上也有不少包装已经背离了其应有的功能，存在耗材过多、分量过重、体积过大、装潢过于华丽的不环保包装，这种过度包装现象迎合了目前社会上一部分人浪费的生活需求，与人类共同倡导的绿色、环保的理念格格不入，应予以关注，并逐步解决。

社会不断向前发展，技术不断改进，包装已逐步成为产品销售策略中的一大支柱产业，成为一门综合性学科。随着时代的发展，包装设计不仅要满足包装功能方面的需要，还要力求新的材料、新的形态和新的设计方式。绿色、环保、节能的要求，也为包装设计提供了更大的发展空间，多用性包装的出现符合与现代科技、现代社会发展相适应的潮流和趋势。多用性包装的出现说明包装领域对环境造成的压力已经有所缓解，符合可持续发展的生活方式。

创意的包装本身就是一种营销手段，一个创意的包装相当于 5 秒钟的广告，一个创意十足、设计精美的包装有直接引导消费的功用。由于多用性包装本身拥有其他功能，需要在造型或材料上别出新意，故多用性包装是创意包装设计。比如图 7-2 将巧克力包装做成精美的小提琴外形，这使得包装在保护商品的同时又是一个生动有趣的玩具。提琴型的外表让孩童在满足食欲的同时感受到提琴的快乐。这样有创意的包装放在货架上是一种无形的广告牌，夺人眼球，在形式上出奇制胜。

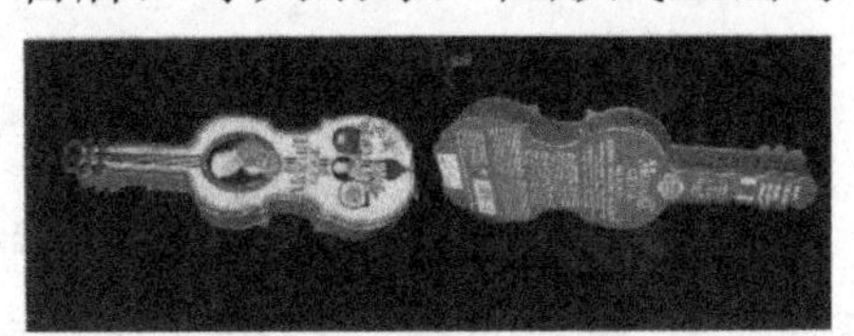

图 7-2 巧克力包装

二、多用性包装的特征

在发展过程中，不实用的包装对环境造成的损害比比皆是，烦琐的包装为了满足我们保护产品的不同需求，也使得包装成为人们维持现行生活方式的一种核心体系。然而对于现在面临的环境窘状，迫切要求包装业具备高度的使命感和责任感，设计师必须用更体现合作性、包容性的绿色思维来设计包装，其目的是减少包装废弃物、降低对环境的影响、回收更加有效。

（一）方便运输和收纳

在商品流通过程中，包装运输占有重要一环，每年在运输商品这一环节上，由于包装盒设计的不合理性使得能源的浪费不计其数。再者，随着环保意识的加强，使用后包装的收纳也是需要考虑的问题，方便整理、不占空间的包装越来越被人们认可。

PUMA 正式宣布推出“clever little bag”这个新包装，可以同传统鞋盒一个一个地堆叠，也可以在不使用包装时，简单方便地收纳，不占空间。这样的创意设计大大节约了成本、减少了污染（见图 7-3）。

图 7-3　鞋的包装

（二）造型多用性

多用性包装盒不仅仅考虑包装对商品的保护，还应该考虑便携性。通过设计师对造型的巧妙构思，让包装在用完之后，经过简单折叠、拼接，成为其他用品加以利用。如某款绢花包装设计独具匠心，使得花束方便易携带。其奇妙之处是这种包装造型的多用性，让消费者经过简单的折叠，包装便成了盛放绢花的花瓶，变废为宝。保护商品是包装的基本功能之一，如图 7-4 所示，彩色铅笔包装盒设计。在保护铅笔头不受磨损的同时，底端一个很巧妙的支撑杆又使得包装成为一个引人注目的展示包装。这种造型上的巧妙使包装一物多用，减少能源的浪费。

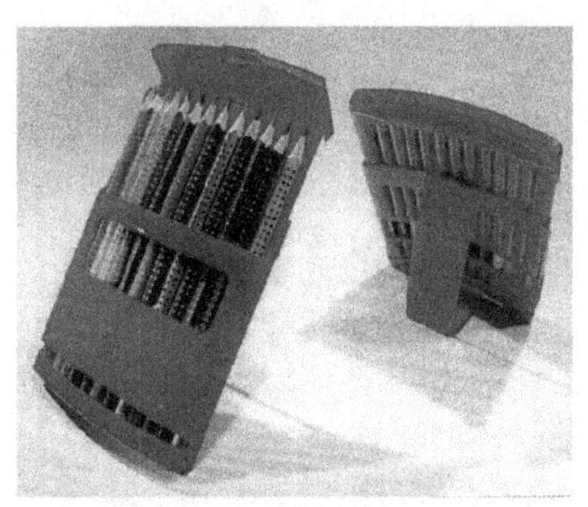

图 7-4　彩色铅笔包装

（三）最大利用包装材料本身

节约能源是低碳社会要解决的首要问题。食品从购买到可以食用通常要经历一段良久的过程，若是包装本身就可以满足食品使用条件，不需要外来加工，无疑是一种经济方法。如某款由树皮制成的芬兰烤鱼包装，不仅美观大方，对产品起到了保护作用，同时该包装的材料在拆开后还可以作为烤熟包装里的鱼的燃料。此构思巧妙，匠心独具，既节约了能源，也最大利用了包装。然而，一般的速食食品需要通过微波炉加热，并且包装外壳在加热过程中所吸收的热量是浪费的。

三、多用性包装的设计思路

（一）将包装与使用者相结合

以消费者为中心，并从消费者角度出发，这样掌握了消费者，就掌握了主动权。“威猛先生”推出了一款专为家庭主妇设计的哑铃清洁剂。意大利设计师托马索 • 塞斯驰把传统的清洁剂罐子稍作改造，设计成哑铃形状包装瓶（图 7-5），其独特的造型在超市清洁剂林立品牌的货架上鹤立鸡群。真正做到从消费者的角度出发，使得多用性包装避免成为过度包装。

图 7-5　清洁剂包装

（二）包装与使用情景相结合

一个好的多用性包装设计主要表现在包装各部分之间可以是一个完整的系统，相互作用并可以服务消费者使用产品的全过程。这要求设计师站在使用者的角度，完全考虑到消费者的使用情景，改进或是完善包装使用时的不足。

吸烟者都知道，吸烟产生的烟灰经常会弄脏衣服，随便丢弃还会污染环境。例如图 7-6，这款包装很好地解决了这个问题——在原有的包装上添加了一个烟灰收集器的结构，成为包装整体中的一部分，拆与合的结构是香烟包装功能上的一个延伸。将包装与使用情形相结合，才能达到包装功能的延伸和多样性。多用性包装意义在于合理有效率地利用包装。从一定意义上来说，包装一旦脱离了商品就失去了效用。多用性包装拓展了包装使用范围，使包装不仅仅局限手包裹产品，而具有更多的功能。多用性包装的发展，可以更大限度地利用包装，满足现代消费心理的需求。目前，多用性包装只是在发展阶段，仍然有非常广阔的发展空间，低碳、节能的绿色包装产业已经开始得到重视和发展。未来的多用性包装应更符合时代的需求，向着新媒体、新技术方向发展；同时也应注重绿色环保这一社会使命，“低碳、节能”将作为永恒的设计理念指导多用性包装设计的发展；随着科技的发展、工艺的进步，更多更合理的包装会出现在消费者的生活里，使得低碳、节能渗入社会的方方面面，从而真正建立和谐的绿色社会。图 7-7 反映了当今国际包装设计发展的趋势。

图 7-6　香烟包装

图 7-7　国际包装设计发展趋势

第四节　计算机时代的包装设计

一、计算机时代的动态包装设计

在如今千变万化的社会中，设计艺术的互动特征越来越突出，动态标志（见图 7-8）、动态服装（见图 7-9）等不断涌现。随着人们的消费水平和包装技术观念的提高，动态包装这种全新的互动式包装理念在计算机时代便成为包装设计的风向标。图 7-10 展示的便是手机动态包装，图 7-11 展示的是动态纸袋，图 7-12 展示的是动态式食品软包装。

图 7-8　动态标志

图 7-9　动态服装

图 7-10　手机动态包装

图 7-11　动态纸袋

图 7-12　动态食品软包装

二、动态包装的概念设计表现

（一）包装与包装之间的动态设计

现在市场上的包装都只能为单一的产品做保护和装饰，而且产品一旦出厂，与之相对应的包装也就定死了，不能改动了。在同一商品的运输上当然是没什么问题，但如果是几种不同的产品一起运输时，包装的外形就会给运输带来很多问题。不光是这一点，一个产品从出厂一直到消费者的手里，要经过很多环节：运输时要方便；要在有限的空间里尽可能多地存放产品，而且还要起到保护产品的作用；当到了展销柜上时，包装又要有美感，能起到推销的作用。而传统的静态包装的效果相当局限，因为传统的静态包装是静止的，从装入产品的那一刻开始，包装的整个外形就不能再有所变动，这使包装设计师在设计时受到很大的限制。所以目前市场上能见到的全面的好包装微乎其微。

动态包装是组合展示型的（见图 7-13），如同一生产商生产的同一系列的两种不同的产品。当顾客在购买用于送礼时，包装组合与包装展示之间的差异会给人一种不协调感，甚至会给人一种东拼西凑的“便宜货”的感觉。动态包装可以让两种包装功能衔接得很完美。包装材料用一种具有记忆色的物质制成，当两种不同的产品相遇时，记忆色材料会进行调节，让原本可能不协调的两种包装变得协调。

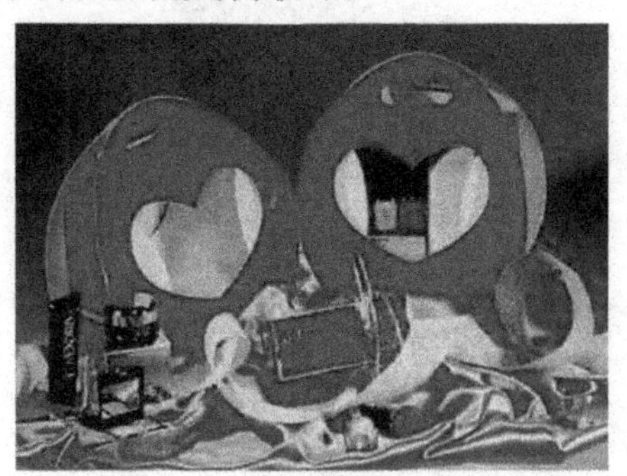

图 7-13　组合展示型动态包装

（二）包装与产品之间的动态设计

这是通常我们见到的静态包装的 CD 盒（见图 7-14），而动态包装的 CD 盒（见图 7-15）却能装不同尺寸的 CD。但同种电子产品的 3 寸软盘就不能用这个静态包装的 CD 盒来装，而且现在的 CD 外形已千变万化，不再仅仅有圆形这一种形式，有方的、心形的、多边形的等，这些各式各样的 CD，尺寸小的倒还能用这个 CD 盒来装，如果直径大于图中的 CD，那就放不下了，这就是传统静态包装在包装与产品之间互动的局限。

静态 CD 包装只适用于一种款式的产品。而动态的 CD 盒不光可以存放各种外形和尺寸的CD，像3寸软盘之类的电子产品也一样可以存放，这就是动态包装在包装与产品之间所表现出的超强的互动性。

图7-14　静态包装的CD盒

图7-15　动态包装的CD盒

（三）包装与生产商之间的动态设计

动态包装可以很灵活地对商品logo进行修改或更变，而传统的静态包装则没有这项功能。这对于生产商来说是很有利的，可以减少许多不必要的麻烦和损失。

（四）包装与消费者之间的动态设计

随着人们经济文化水平和审美能力的提高，人们对于包装的要求也越来越苛刻。美观大方和方便携带成为两个最大的需求（见图 7-16）。

图 7-16　包装体现出美观大方和方便携带

前面所述包装与产品之间的动态设计列举的例子，稍加改动，互动性就衍生为包装与消费者之间的动态设计了。图 7-17 的展台包装在商品出售时可成为商品陈列的展台，而顾客购买后又可收缩为固定式包装。耐克鞋的木质动态包装盒（见图 7-18）可以拿来做储物箱。

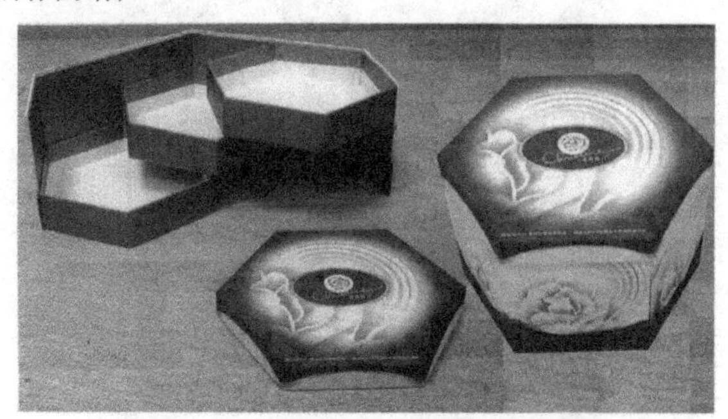

图 7-17　包装成了小小的展台

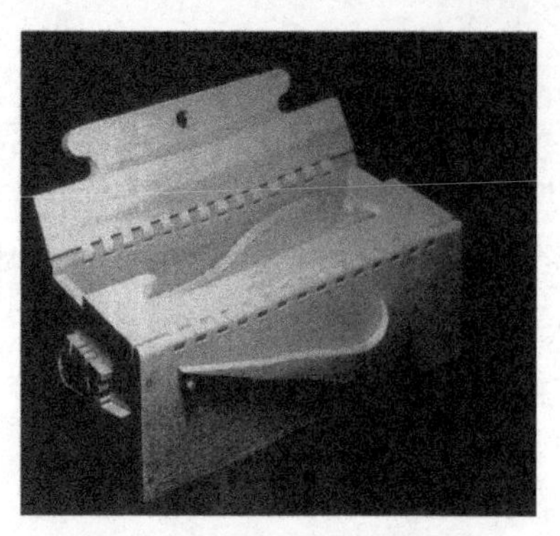

图 7-18　耐克木质包装

（五）包装与环境之间的动态设计

与传统静态包装不同，动态包装能充分地利用周边的任何资源为己所用，将自己表现得更适应市场，更具人性化设计。比如，有的动态包装利用光学原理，在包装上呈现不同的平面设计；比如，动态包装能够根据环境的变化而变化色彩，而色彩的变化也能给人的感官和心理带来相应的影响。动态包装本身设有一个温度上限，达到了或是超过这个上限温度时，包装的整个色调将会变成冷色调，如果温度低于上限温度时，包装就会变成暖色调。还有的动态包装会自行调节色彩，当货柜上摆满了商品时，动态包装会用感应装置感应到周围的色彩（一般以左右各一个为基准），然后自行选出不同于周边包装的色彩或是用补色加以改变，这样产品在销售柜上就会更加出跳。

还有些动态包装在内部设有季节更替性，不同的季节包装呈现不同的色彩和图案。更有其动态包装能感应体温，当消费者感到冷时，尤其在冬季，动态包装就会打开自带的外壳加温装置帮助人们取暖；如果在夏天，由于天热，大多数人的手心温度会过高，这时包装会降温来帮助人们消暑。这样的动态包装给消费者生活增加了更多的色彩，而且拉近了消费者和生产商之间心灵的距离。

（六）动态包装设计的问题与前景

动态包装的出现也带来一些不可避免的问题。相对于动态包装的静态包装，从字面上可以知道这种销售包装是以静止的形式出现在消费者面前的。静态包装在生活中到处可见，静态包装在生产日期、保质期和保质条件等诸多方面是难以更改的。而在动态包装上这一点就变得非常简单，只要商品没有销售出去，通过电脑将芯片里的数据就可以加以改变了，或是输入一些定期自动更改日期的命令，如果是和互联网相通的，那就更加容易了。这样一来，就会大大伤害消费者的利益。还有一点动态包装目前在运输上也存在着很多不便，显示屏要相当小心，不可以碰坏碰伤，芯片也不能被震动，因此运输的成本就明显提高了，原来几百元的商品到了消费者手里可能就要翻上十几番甚至几十番。

上面多次提到的记忆物质，虽然目前已着手大力开发，但远没有普及，像这种含有记忆物质的动态包装，光包装的造价就不菲，要用到低成本的产品中就目前来说是不可能的。还有像电子屏幕之类的动态包装西方国家虽已在大力开发，但仍然存在很大的局限，我国市场接受动态包装更是任重道远。

在今天，虽然科技已经相当发达，但是一些新科技高科技还未能普及，这不光影响到动态包装自身的价格，前面提到的运输也受到局限，所以在目前动态包装尚不能得以普及，但我们相信不久的将来，这些影响动态包装普及的因素都会一一被解决。从上面可以看出，动态包装的造价就现在而言太高，也只有一些高精致的电子产品可以用上动态包装。此外，就现在市场上的商品而言，如果都用上了动态包装，其多样的宣介形式、趣味生动的表述风格、互动智能的传达效果，使包装本身对眼球的吸引度超过了其推介之内容，有可能冲淡介绍内在产品功能和主要目的，这样就会出现喧宾夺主的状况。再者就是再回收和利用上，纸质包装问题不大，但带有显示屏的动态包装就要由专业人员进行验收和再利用。

然而事物是不断变化向前发展的，社会在不断进步，今天的包装的装饰设计也已经达到更高的水平，有新的发展就会有所突破，虽然如今动态包装还是一个全新的概念，然而我们深信：不久的将来，动态包装必将取代静态包装的主导地位，引领社会的潮流。

参考文献

[1] 周建国 . 包装设计 [M]. 北京：龙门书局，2014.

[2] 李伯民，李瑞琴 . 现代包装设计理论与方法 [M]. 北京：电子工业出版社，2010.

[3] 郁新颜 . 包装设计 [M]. 北京：北京大学出版社，2012.

[4]赫荣定，张蔚，周胜.包装设计[M].北京：电子工业出版社，2011.

[5] 王茜 . 包装设计 [M]. 武汉：华中科技大学出版社，2011.

[6] 陈希 . 包装设计 [M]. 北京：高等教育出版社，2008.

[7] 郑娟 . 包装设计 [M]. 成都：西南交通大学出版社，2007.

[8] 杨仁敏 . 包装设计 [M]. 成都：西南交通大学出版社，2003.

[9] 骆光林 . 包装材料学 [M]. 北京：印刷工业出版社，2005.

[10] 潘松年 . 包装工艺学 [M]. 北京：印刷工业出版社，2007.

[11] 孙诚 . 纸包装结构设计 [M]. 北京：中国轻工业出版社，2006.

[12] 孙诚 . 包装结构设计 [M]. 北京：中国轻工业出版社，2008.

[13] 周晓凤 . 包装范例 [M]. 上海：上海书店出版社，2004.

[14] 杨敏 . 包装设计教程 [M]. 重庆：西南师范大学出版社，2006.

[15] 沈卓娅 . 包装设计 [M]. 北京：中国轻工业出版社，2008.

[16] 李勤 . 包装设计 [M]. 武汉：湖北美术出版社，2007.

[17] 易忠 . 包装设计理论与实务 [M]. 合肥：合肥工业大学出版社，2004.

[18] 朱和平 . 现代包装设计理论及应用研究 [M]. 北京：人民出版社，2008.

[19]曾沁岚，沈卓娅.包装设计实训[M].上海：东方出版中心，2008.

[20] 王同兴，杜力天 . 包装设计与实训 [M]. 石家庄：河北美术出版社，2008.

[21] 张鄂 . 现代设计理论与方法 [M]. 北京：科学出版社，2007.

[22] 刘美华 . 产品设计原理 [M]. 北京：北京大学出版社，2008.

[23] 尹章伟，刘全香，林泉 . 包装概论 [M]. 北京：化学工业出版社，2008.

[24] 闻邦椿，张国忠，柳洪义 . 面向产品广义质量的综合设计理论与方法 [M]. 北京：科学出版社，2007.

[25]李砚祖.产品设计艺术[M].北京：中国人民大学出版社，2005.

[26]张福昌.现代设计概论[M].武汉：华中科技大学出版社，2007.

[27] 李思益，任工昌，郑甲红等 . 现代设计方法 [M]. 西安：西安电子科技大学出版社，2007.

[28] 邱松 . 造型设计基础 [M]. 北京：清华大学出版社，2005.

[29] 朱和平 . 产品包装设计 [M]. 长沙：湖南大学出版社，2007.

[30] 刘志峰 . 绿色设计方法、技术及其应用 [M]. 北京：国防工业出版社，2008.